KB215488

하루 30분
함께 있는 시간의 힘

하루 30분 함께 있는 시간의 힘

아이의 기본기와
내면을 단단하게 만드는
거실 교육의 기적

공성애·김석 지음

프롤로그

하루 30분, 거실에서 시작된 우리 가족의 조용한 기적

엄마의 이야기

함께, 따로, 그리고 곁에서 - 거실에서 보낸 14년

거실에서 아이들과 함께한 지도 어느덧 14년이 지났다. 14년, 5,110일, 12만 2,640시간… 거실에서 아이들과 적어도 하루에 30분씩은 함께 보낸 그 시간은, 매일의 풍경은 비슷하면서도 묘하게 달랐다. 이제 와 돌이켜 보면 그 비슷해 보였던 나날들 속에 '함께', '따로', 그리고 '곁에서'라는 3가지 장면이 켜켜이 쌓여 있었다.

첫 번째 장면, '함께'

아이들이 유치원에 다닐 때부터 초등 저학년 무렵까지 우리 집 거실은 늘 '함께'하는 공간이었다.

거실 한가운데 온 가족이 둘러앉아 보드게임, 딱지치기, 팽이 돌리기를 하며 놀았던 시간.

아빠와 아이들이 60권짜리 만화 삼국지에 푹 빠져서 서로 경쟁하며 읽었던 모습.

책을 읽을 때마다 서로 옆구리를 찌르면서 "이 부분 웃겨!" 하고 깔깔댔던 아이들.

카펫 위에서 몸을 부대끼며 장난치고, 동시에 웃음을 터뜨렸던 그 시절.

아이들에게 엄마와 아빠는 함께 놀아주는 친구였고, 거실은 우리 가족의 놀이터였다.

두 번째 장면, '따로'

초등 고학년을 지나 중학생이 되자, 아이들은 점점 '따로'를 원했다.

거실에 있는 컴퓨터로 게임도 혼자, 거실 소파에 누워 영상도 혼자, 가끔은 방에 들어가 문을 꽉 닫고 오랜 시간 나오지 않기도 했다. 우리 부부가 함께하자고 하면 "이건 나 혼자 할래", "엄마 아빠는 몰라도 돼"라고 스스럼없이 말하는 아이들에게 조금은 서운할 때도 있었지만, 아이들이 자라는 신호라는 걸 알기에 별스럽지 않게 넘기려고 노력했다.

거실은 여전히 활짝 열려 있었지만, 아이들은 자기만의 공간을 향해 나아가기 시작한 때였다.

세 번째 장면, '곁에서'

시간이 흘러 지금, 어느새 훌쩍 자라 대학생, 고등학생이 된 아이들과 우리 부부는 거실에서 서로 묵묵히 '곁에서'를 실천한다.

예전보다 아이들의 말수가 크게 줄어들어 한산해진 거실, 대신에 아이들은 함께 있는 엄마와 아빠의 존재를 느낌으로써 공간의 여백을 채운다. 한참 집중해서 공부하다가 고개를 들면 아빠가 책을 읽고 있고, 잠깐 눈을 감고 누우면 엄마의 따뜻한 온기가 곁에 있다. 아이들이 공부할 때 힘들어하면 아빠는 어깨를 주물러주고, 아이들이 시간을 보내다 출출해하면 엄마는 뚝딱 간식을 준비해준다.

이제 거실은 더 이상 함께 뭔가 같은 일을 하지 않아도, 말을 많이 하지 않아도, 있는 그대로 서로를 감싸주는 공간이 되었다. 엄마와 아빠의 존재만으로도 아이들은 덜 외롭고, 아이들이 그 자리에 있어줘서 우리 부부는 큰 위안을 받는다.

부모가 아이를 키우는 일, 아이가 성장하는 일은 한 편의 드라마와도 같다. 처음에는 함께 뛰고, 중간에는 서로 다른 방향을 바라보다가, 시간이 흘러 어느 날 문득 둘러보면 서로 나란히 걷고 있다. 우리 가족이 거실에서 함께 있었던 14년은 그 모든 장면을 고스란히 담아낸 시간이었다. 아이들은 자랐고, 우리 부부도 함께 자랐다. 우리는 결국 '같이 있으면서 각자의 삶을 응원하는 법'을 배웠다. 그리고 그 모든 순간을 가능하게 했던 건 서로를 향한 따뜻한 시선과 묵묵한 기다림이었다.

하루 30분 함께 있는 시간으로부터 비롯된 거실의 온기 속에서 우리는 여전히 어제의 기억을 품고, 오늘을 함께 걸으며, 내일을 기대하고 있다.

아빠의 이야기

또 하나의 세상, 거실

우리 가족에게 거실은 단순한 공간이 아니다.
우리 가족에게, 특히 나에게는 '또 하나의 세상'이다.

세상 밖에서는 수많은 일이 벌어지고, 타인과 갈등이 일어나고, 빠르게 흘러가는 뉴스와 트렌드 속에서 하루하루를 버텨야만 한다. 그 속에서 나는 직업으로서 의사이자 사회의 구성원으로 살아갔다. 그런데 문을 열고 집에 들어오는 순간, 또 다른 세상이 펼쳐졌다. 작지만 온기가 가득한 세상. 그 안에는 아내와 아이들이 있었고, 웃음과 말다툼이 있었으며, 낮잠과 공부와 게임이 공존했다. 거실이라는 또 하나의 세상에서 우리 가족만의 시간이 흘렀고, 우리 가족만의 관계가 자라났다.

아이들은 자라며 변했고, 그에 따라 거실도 변했다. 처음엔 함께였고, 점차 따로였으며, 이제는 곁에 있기만 해도 서로에게 공감하며 배려한다.

첫째가 대학생, 둘째가 고등학생인 지금의 나는 부모로서 당당하게 말할 수 있다.

교육은 거창하지 않아도 된다는 것을.

가르치기보다 '함께 있는 시간'이 먼저라는 것을.

그리고 그 모든 것이 가능했던 공간이 바로 '거실'이라는 것을.

《하루 30분 함께 있는 시간의 힘》은 우리 가족이 지난 14년간 거실에서 함께 만들어온 또 하나의 세상에 대한 가장 진실된 기록이다. 이 기록을 마중물 삼아 이제 당신의 거실에도 또 하나의 세상이 열리기를 바란다. 그곳에서 당신과 당신의 아이들이 천천히, 그리고 따뜻하게 함께 자라기를 바란다.

차례

Chapter 2 | 거실 교육 준비하기

Chapter 5 | 놀이하는 거실

PART 1

함께 있는
시간의 시작,
거실 교육

Chapter 1

우리 가족에게 거실 교육이란

같은 공간에서 각자 인생을 살아간다는 것

- **거실:** 가족이 일상 모여서 생활하는 공간.
- **교육:** 지식과 기술 따위를 가르치며 인격을 길러줌.

  -《표준국어대사전》

우리 가족이 집 안에서 주로 함께 생활하는 곳, 거실. 나는 거실에서 이뤄지는 모든 활동에는 교육적인 의미가 있다고 생각한다. 그렇기에 거실은 가족이 머무는 공간이라는 장소적 의미에서 확장되어 교육이 자연스럽게 일어나는 현장으로 변모하는데, 이것이 바로 이 책에서 이야기하고자 하는 '거실 교육'의 배경이다.

거실 교육이란 가족이 다 함께 모이는 집 안 공간인 거실에서 이뤄지는 모든 배움의 과정을 의미한다. 거실 교육이라고 하면 어떤 사람들은 거실에서 아이를 공부시키는 것이 아니냐고 묻기도 한다. 하지만 우리 가족에게 거실이란 단순히 공부하는 장소가 아니며, 거실 교육 역시 공부 그 이상의 의미가 있다. 거실은 공부하고, 놀이하고, 책 읽고, 게임하고, 대화하고, 휴식을 취하는 등 일상에서 가족 구성원이 모든 활동을 하는 곳으로, 이 모든 활동을 통해 부모와 아이는 함께 성장하는데, 이 과정이 곧 '거실 교육'이다.

우리 가족은 2012년, 첫째 수(첫째의 이름은 '김수', 둘째의 이름은 '김현'이다)가 초등학교에 입학하면서 거실 교육을 시작했다. 부끄럽지만 시작의 계기는 TV 리모컨 쟁탈전이었다. 그즈음 남편은 퇴근하고 집에 오면 거실에서 야구 중계방송을 봤다. 아빠가 야구를 볼 때면 두 아이는 신나게 놀다가도 아빠 옆으로 쪼르르 다가갔다. 그러고는 자기들이 좋아하는 프로그램을 봐야 한다며 TV 리모컨을 빼앗아 만화가 나오는 채널로 돌렸다.

처음에는 남편도 포기하지 않고 꿋꿋이 아이들과 거래를 했다. "이것만 끝나면 아빠가 같이 놀아줄게. 그러니까 우리 같이 야구 보자, 응?" 끈질긴 설득에도 아이들은 당연히 말을 듣지 않았다. 몇 차례 리모컨을 가지고 다투다가 결국은 남편이 아이들이 보겠다는 만화를 함께 봤다. 그때 남편은 거실에 TV가 있어도 자기 뜻대로 보고 싶은 프로그램을 볼 수 없다는 사실을 직감했던 것 같다.

다행히 수와 현은 소파에 앉아서 책을 보는 것도 좋아했다. 그래서 우리는 TV를 안방으로 옮겨 설치하고, 거실은 아이들이 책을 마음껏 읽을 수 있는 서재로 꾸미기로 노선을 변경했다.

이른바 '거실을 서재로' 만들고 난 이후부터 우리 집에서는 자연스럽게 거실 교육이 시작되었다. 처음에 아이들은 거실에서 책을 보고, 보드게임을 하고, 장기를 두고, 탁구를 했으며, 커가면서는 공부하고, 게임하고, 인터넷 강의를 듣고, 대화하는 등 거실의 모습이 아이들이 주로 하는 활동의 성격에 따라 도서관, 놀이방, 공부방, 게임방, 카페 등으로 다양하게 변해갔다.

만약 그때 거실에 그대로 TV를 놓아뒀다면 어땠을까? 남편과 아이들은 리모컨을 두고 자주 다퉜을지도 모른다. 또 아빠가 소파에 누워서 TV를 보고 있으면 아이들은 각자 방으로 들어가서 나오지 않았을 것이다. 물론 우리 가족이 TV를 전혀 보지 않는 것은 아니다. 그때부터 지금까지 우리 부부는 안방에 있는 TV로 뉴스나 드라마를 보고, 아이들과 함께 영화를 보기도 한다. 그러나 아이들이 거실에서 대부분 시간을 보냈기 때문에 우리 부부는 언제나 자연스럽게 거실에 나와 있었다. 지금 돌이켜 생각해보면 그때 거실에서 TV를 없앤 일은 정말 잘한 결정이었다.

우리 집 거실의 모습은 아이들의 나이에 따라 다양하게 변해갔다. 2025년 현재 우리 집 거실의 모습이다. (참고로 현재 첫째 수는 20살, 둘째 현은 18살이다.)

2012년부터 2025년까지 14년 동안 우리 가족이 거실에 모여서 생활했던 일을 거창하게 '거실 교육'이라고 표현했지만, 사실 거실 교육은 굉장히 생활 밀착형이다. 거실 교육의 핵심이 '일상의 공유'이기 때문이다.

2년 전에는 첫째 수가 수능을 치렀고, 올해는 둘째 현이 고3이 되었기에 현재 우리 집 거실은 스터디 카페나 다름없다. 지금도 현은 주로 거실 한가운데에 있는 책상에 앉아서 공부한다. 쉴 때도 거실 소파에 누워 유튜브를 본다. 남편은 아이 책상 바로 옆에 있는 다른 책상에 앉아서 책을 읽거나 글을 쓴다. 나도 거실에 있는 컴퓨터 앞에 앉아 글을 쓰거나 틈틈이 집안일을 한다. 거실에서 각자의 일을 하는 아이들, 그리고 우리 부부는 한 회사에서 일하는 동료들처럼 농담을 건네기도 하고, 서로 안마를 해주기도 하며, 간식거리를 가져다주기도 한다. 이렇게 우리 가족은 한곳에서 서로의 일상을 공유하면서 정을 쌓아나간다. 요즘 부모는 아이와 사이좋게 지내기 위해 여러 가지 방법으로 애를 쓴다는데, 우리 가족의 경험상 자연스럽고 꽤 좋은 방법이 바로 거실 교육이라고 말하고 싶다.

거실 교육은 아이가 사춘기에 접어들수록 더 진가를 발휘한다. 어릴 때부터 자기 방에서 오랜 시간을 생활한 아이라면 클수록 거실에 나오기는 무척 어려울 것이다. 하지만 거실에서 자주 생활했던 아이라면 사춘기가 되어서도 자연스럽게 거실에 머물 확률이 높다. 거실에서의 생활이 습관이 되었기 때문이다.

오랫동안 거실에서 일상을 공유하고 시간을 함께 보낼수록 부모는 아이의 보호자와 놀이 상대에서 점점 친구와 동료 같은 사이로 발전한다. 우리 집의 경우 아이들이 중고등학생이 되어 거실에서 공부하는 시간이 늘어나면서 우리 부부가 거실에 있는 시간도 늘어났다. 거실에서 아이들이 자기 할 일을 할 때 우리 부부는 주로 책을 읽었다. 그러면서 아이들의 활동에 부모랍시고 개입하는 일을 최소화하기 위해 최선을 다했다. 같은 공간에 있더라도 서로 적정거리를 유지하면서 각자 할 일을 편하게 하기 위해서였다. 그리고 아이들이 집중을 잘 못 하고 산만할 때면 부모로서 더욱더 집중하기 위해 노력했다. 부모님이 자기 일에 집중하고 있으면 자연히 아이들도 자기 일에 집중하기 때문이다.

아무리 가족이지만 각자의 프라이버시가 충분히 보장되지 않는다는 이유로 거실 교육의 시작을 망설이는 분들에게 우리는 이렇게 이야기하고 싶다.

"거실 교육은 부모와 아이가 같은 공간에서 각자 인생을 살아가는 것입니다."

언젠가 아이는 부모 곁을 떠날 것이다. 각자의 삶을 살아가다 어느 날 아이가 부모가 사는 집으로 돌아왔을 때 서로 함께 편안한 마음으로 거실에 머무를 수 있다면 그것만으로도 거실 교육은 보람 있는 일 그 자체일 것이다.

Chapter
2

거실 교육 준비하기

거실 교육을 시작하기 전 생각해야 할 것들

TV를 없애야 할까?

거실 교육으로 아이를 키웠다고 이야기하면 대다수가 TV를 어떻게 했냐고 물어본다. 2012년 지금의 집으로 이사를 오면서 우리는 TV를 안방에 설치했다. 이때 아이들의 나이가 7살, 5살이었다. 거실에서 TV를 없애니까 처음에는 아이들이 TV를 보기 위해 안방으로 들어왔다. 사실 역사를 기반으로 한 사극이나 재미있는 예능 프로그램 등은 어린아이들과 같이 봐도 괜찮았기 때문에 한동안 우리 가족은 다 같이 안방에서 TV를 봤다. 그러다가 아이들이 초등 고학년이 되면서 컴퓨터 게임을 하고, 스마트폰으로 동영상을 보고, 또 친구들과 어울리느라 집에 있는 물리적 시간이 줄어들다 보니, 집에서 TV를 보는 경우가 거의 사라졌다. 집에서 TV를 보는 것도 그나마 시간이 많은 어린 시절(미취학~초등 저학년) 한때고, 중학생만 되어도 거실에서 이뤄지는 주 활동은 학습이기에, 거실 교육을 한다고 해서 TV를 무작정 없애기보다는 안방이나 여유가 있는 경우 다른 방에 설치하는 것이 좋다.

개인 공간은 어떻게 만들까?

4형제 중 장남이던 나는 자라는 내내 내 방이 없었다. 연년생 동생과 항상 같은 방을 썼다. 방은 같이 썼지만, 다행히 내게는 작은 나만의 공간이 있었다. 바로 책상이었다. 내 책상에 앉으면 마음이 안정되고 공부해야겠다는 생각이 들어 자연스럽게 책을 펼치고 공부했다. 방에는 항상 동생이 같이 있었지만 내 책상만큼은 오로지 나만을 위한 공간이었다. 그곳에서 나는 공부하고 고민하고 생각했다.

집에 자기만의 공간이 있는 것은 중요하다. 아이 역시 커갈수록 자기 방을 만들어달라고 요구할 가능성이 크다. 우리는 거실 교육을 시작하면서 방을 침실로 만들었기 때문에 따로 아이들 각자의 방을 만들지는 않았다. 초등학교 때부터 두 아이가 이렇게 지내서인지 사춘기가 되어서도 자기 방을 따로 만들어달라고 요구하지는 않았다. 만약 아이가 자기만의 공간을 만들어달라고 하면 어떻게 해야 할까? 가장 쉬운 방법은 앞서 이야기했던 남편의 어린 시절처럼 아이에게 자기 책상을 만들어주는 것이다. 아이가 1명일 때는 쉽지만, 2명 이상일 때부터는 아이의 나이와 성향을 잘 고려해서 공간을 만들어줘야 한다.

우리 집 거실에는 수와 현의 책상이 있다. 지난해 첫째 수가 대학을 가면서 집을 떠났지만, 수가 쓰던 책상도 치우지 않은 채 그대로 두고 지금은 남편이 사용한다. 둘째 현은 공부하거나 책을 볼 때 항상 자기의 책상과 의자에 앉는다. 우리 부부는 현의 책상에는 되도록 앉지 않는다. 현은 책상을 자기만의 공간이라고 생각하며 그곳에서 할 일을 한다. 여기서 명심해야 할 점이 있다. 거실 교육을 하면 모든 가족이 거실이라는 같은 장소에 있지만 그 안에서도 각자 자기 공간에서 하는 모든 일은 보호해주고 인정해줘야 한다는 것이다. 가끔 현이 책상에 앉아 아무것도 하지 않고 이른바 멍때리기를 할 때도 있는데, 그때마다 우리 부부는 아무 말도 하지 않고 그냥 내버려둔다. 왜 그러는지, 언제 공부를 시작할 건지 묻지도 않고, 조바심을 내거나 눈치를 주지도 않는다. 어떤 일이든지 그 일이 현이 자기 책상에 앉아서 하는 활동이라면 그냥 믿고 지켜본다. 아이가 책상에 앉아서 종이접기하든, 장난감을 갖고 놀든, 하릴없이 고민하든 부모는 그 공간의 주인인 아이를 믿고 인정해줘야 한다. 그래야 아이도 부모를 믿는다. 부모와 아이 사이의 상호적 믿음은 프라이버시 존중으로 이어진다.

프라이버시를 존중해야 한다

이 책을 준비하면서 아이들에게 거실 교육을 할 때 부모가 어떤 점만큼은 꼭 알았으면 하는지 물은 적이 있다. 우리 부부가 예상했던 것보다 아이들의 생각은 확고했다.

> "집에서 거실 교육이 잘 이뤄지려면 엄마와 아빠가 아이의 프라이버시를 절대 침해하면 안 된다고 생각해. 아이가 뭘 하든 못 본 척해주고, 못 들은 척해주고, 하고 싶은 잔소리가 있어도 꾹 참아주고… 이렇게 하면 아이가 흔쾌히 거실에 나올 수 있을 거 같아."
>
> "그러면 아이가 나쁜 짓이나 잘못된 행동을 하면 엄마와 아빠가 어떡해야 해?"
>
> "엄마, 아빠! 생각해봐. 나쁜 짓이나 잘못된 행동을 왜 거실에서 하겠어?"
>
> "아, 그렇네. 그런 행동은 숨어서 하겠지."
>
> "맞아. 아이도 다 생각이 있어. 부모님과 함께 생활하는 거실에서 그런 행동은 하지 않을걸. 그러니까 하지 않아도 될 걱정은 하지

마시고, 그냥 있는 그대로 봐주시면 됩니다요!”

솔직히 고백하자면 거실 교육을 하면서도 우리 부부는 때때로 아이들이 어떤 내용을 공부하고 있는지, 무슨 웹툰을 보고 있는지, 누구와 통화를 하고 있는지 궁금해했다. 그런데 막상 ‘안 보는 척’하면서 보고, ‘안 듣는 척’하면서 들어도 특별한 것은 딱히 없었다. 이런 시간을 보내고 나니, 이제는 아이들이 거실에서 어떤 행동을 해도 그냥 넘기려고 노력한다.

사실 거실에서 가족 모두가 잘 지내려면 ‘서로를 인정해줘야 한다’, ‘어린아이도 하나의 인격체로 대해야 한다’ 정도만 생각했지, 아이들이 이야기한 ‘프라이버시를 침해해서는 안 된다’까지는 생각하지 못했다. 부모라면 교육과 안전을 위해 자녀에 대해 모르는 것이 아예 없어야 한다고까지 생각하고 있었는지도 모르겠다. 하지만 거실이라는 열린 공간에서 서로가 믿고 생활하기를 바란다면 가족 구성원 각자의 프라이버시를 침해하지 말아야 한다. 이것 역시 거실에서 이뤄지는 또 다른 교육이다.

손님이 방문하면 어떻게 할까?

지인의 가족이 거실 교육을 시작했다고 알려왔다. 아이들이 거실에서 책을 읽고 공부하고 이야기를 나누게 되니 엄마와 아빠도 자연스럽게 거실에 더 많이 머물게 된다며 좋아했다. 처음에는 3남매가 거실에 모여서 시끄럽게 떠들고 서로를 방해할까 봐 걱정했지만, 얼마 지나지 않아 기우였음을 깨달았단다. 오히려 아이들이 서로 의지하고 경쟁도 하면서 학업 분위기가 많이 정착되었다고 했다. 무엇보다 온 가족이 거실에 함께 있는 시간이 늘어나다 보니 가족의 끈끈한 정이 느껴져서 잘한 일 같다고 말하다가 이내 고민이 하나 있다며 이렇게 물었다.

"그런데 집에 손님이 오시면 언니네는 어떻게 해요?"

근처에 사는 부모님이 종종 집에 오시는데 거실 교육을 시작한 이후로 오실 때마다 불편해하신다는 것이었다. 거실에 TV와 소파가 있을 때는 편하게 소파에 앉아서 TV를 보셨는데, 지금은 TV도 소파도 없이 아이들 책상만 있어서 머물 공간이 마땅치 않기 때문이었다. 그래서인지 집에 오시는 횟수가 줄었다고 했다.

우리 집은 부모님이 오시면 보통은 창가에 있는 작은 소파나 부엌 식탁에 앉아서 차를 마시거나 이야기를 나눈다. 아이들이 어릴 때는 거실 바닥에서 손자들과 장난감을 가지고 같이 노셨다. 오히려 시댁이나 친정 식구들이 우리 집에 와서 식사하게 될 때면 거실 책상이 큰 역할을 했다. 거실에 있는 2개의 책상을 나란히 이어 붙이면 큰 식탁으로 변신해서 대가족이 식사할 만큼 충분한 크기가 되었기 때문이다.

아이들이 어렸을 때, 우리 집 거실에는 큰 소파가 있었고 중앙에는 넓은 카펫이 깔려 있었다. 그래서 손님이 방문하면 거실 소파나 바닥에 앉아 차를 마시면서 아이들과도 자연스럽게 어울릴 수 있었다. 이후 아이들이 본격적으로 공부를 시작한 중학교 때부터는 거실 중앙에 책상을 놓고 책장은 책상 뒤쪽 벽에 붙여놓았다. 이때부터는 집에 손님이 방문하면 거실 대신 부엌에 있는 식탁에 앉아서 차를 마시고 이야기했다. 최근에는 고3 수험생이 있어서인지 부모님 외에는 손님이 찾아오는 경우가 극히 드물다. 행여 찾아왔다가도 거실에서 공부하는 아이를 보면 잠시만 머물다가 가는 경우가 대부분이다.

그러니 거실 교육을 하면서 언제 올지도 모르는 손님을 지나치게 염려할 필요는 없다. 거실은 아이의 성장 환경에 따라 구성이나 배치를 바꿔주는 것이 효과적이므로 그때그때 유동적으로 대처하면 된다. 손님이 오더라도, 구성이나 배치를 바꾸더라도 바뀌지 않는 것이 있다. 거실은 아침부터 밤까지 우리 가족만을 위한 공간이라는 사실이다.

거실의 크기가 커야 할까?

거실은 어떤 곳일까? TV, 소파, 테이블 등이 놓여 있는 공간, 집 안에서 가장 넓은 공간이 거실일까? 그렇지 않다. 거실 교육에서 거실이란 가족이 편안하게 모일 수 있는 공간을 의미한다. 집이 원룸이라면 방 하나가 거실의 역할을 충분히 할 수도 있다.

우리 가족의 첫 집은 서울에 있는 14평 정도의 임대 주택이었다. 4평 정도 되는 안방, 2평 정도 되는 작은방, 그리고 부엌이 있었다. 이 집에서 가족이 모일 수 있는 가장 편안한 공간은 안방이었기 때문에 안방이 거실의 역할을 했다. 첫째 수가 3살 때까지 이 집에서 살았는데, 우리 부부는 안방에서 수를 먹이고 재우고, 또 놀아주고 책을 읽어주면서 함께 생활했다. 시간이 흘러 둘째 현이 태어나면서부터는 남편 직장에 딸린 관사에서 살았다. 20평 정도 되는 주택으로, 이 집은 가장 큰 공간이 거실이었다. 그래서 가족 모두가 모이려면 거실이 가장 적당했기에, 그곳에서 우리 가족은 보드게임도 하고, TV도 보고, 책도 읽으면서 가장 많은 시간을 보냈다.

집이 좁아서, 또 거실이 작아서 거실 교육을 선뜻 시작하기가 어렵다고 이야기하는 분들이 꽤 있다. 그러나 거실 교육에서 집이나 거실의 크기는 그다지 중요하지 않다. 거실이 작더라도 집 안에 온 가족이 모두 모일 만한 공간이 있으면 거실 교육은 충분히 가능하다. 당연히 아이가 어릴 때는 경제적으로 큰 집을 구할 수 있는 경우가 많지 않기에 집이 작은 경우가 대부분이다. 꼭 기억하자. 거실 교육에서 아이에게 거실은 넓은 공간이 아니라 엄마와 아빠가 함께 있는 곳이다. (집의 크기와 거실 교육의 관계에 대한 자세한 내용은 61~63쪽을 참고한다.)

언제 시작하는 것이 가장 좋을까?

거실 교육을 언제부터 하는 게 좋을지 고민할 필요가 없다. 거실 교육을 시작할지 말지 고민하거나 자세한 방법이 궁금해서 이 책을 펼쳤을 테니, 이 책을 읽고 있는 지금 시작하면 된다.

처음에는 책상이나 의자 등도 딱히 필요가 없다. 지금 있는 그대로 시작하면 그만이다. 우리가 이 책에서 이야기하는 거실 교육의 목적은 단지 공부가 아니다. 공부가 유일한 목적이라면 굳이 거실이 아니어도 상관없다. 자기 방에서, 학교에서, 학원에서, 스터디 카페에서 공부하면 되기 때문이다.

거실 교육은 부모와 아이가 같은 공간에 함께 머물고, 소통하고, 성장하는 것이 목적이다. 그러므로 아이가 태어나면서부터 거실에 함께 머물면서 생활하면 그것이 바로 거실 교육의 시작이라고 할 수 있다.

만약 아이가 어릴 때는 거실에서 부모와 함께 잘 생활했었는데, 초등 고학년이나 사춘기가 되어 방으로 들어가고 싶어 하면 어떻게 해야 할까? 부모와 아이가 상황에 맞게 결정하는 것이 가장 좋겠지만, 나는 아이가 원하는 곳에서 생활해야 한다고 생각한다.

우리 집도 마찬가지였다. 아이가 어릴 때부터 주로 거실에서 생활했고, 아이가 커가면서는 책상과 의자를 따로 마련해 거실에서 공부하게 했다. 그러던 중 첫째 수가 중학교 1학년 때 방에 들어가서 혼자 공부하겠다고 이야기했다. 우리 부부는 내심 서운했지만 흔쾌히 그러라고 했다. 그런데 막상 방에 들어가니 생각보다 집중이 잘 안 되고 딴짓을 많이 했던 모양이었다. 원하는 성적이 나오지 않으니까 다음 학기부터는 스스로 거실로 나왔다. 지금도 수는 엄마, 아빠, 동생과 함께 지내고 있는 거실 자체에 자기를 건강하게 지켜보는 기능이 있다고 이야기한다. 사실 우리가 딱히 대놓고 지켜보지는 않았지만, 수는 가족이 함께 모인 그 자체가 공부의 원동력이 된 것 같다며 고마워한다.

무조건 조용히 해야 할까?

거실 교육을 한다고 하면 우리 부부가 늘 받는 질문이 있다.

Q. 아이가 공부할 때 조용히 움직여야 하나요?

Q. 동생이 떠들지 않게 주의를 시켜야 할까요?

Q. 아이가 거실에 있으면 집안일을 하지 말아야 할까요?

Q. 아이가 공부할 때 부엌에서 설거지라도 하면 아이가 산만해져서 집중을 못 하는데, 어떻게 해야 할까요?

둘째 현은 올해 고3 수험생이 되었다. 그럼에도 우리 가족은 거실에서 각자 하고 싶은 일을 한다. 다음은 우리 가족이 거실에서 일상적으로 하는 행동이다.

- **천천히 제자리 뛰기:** 우리 부부가 집에서 하는 운동이다. 숨소리가 커져 거실에 퍼지면 현이 방으로 들어가라고 하는데, 그때는 그렇게 하면 된다.
- **안마의자에 앉아 있기:** 남편은 안마의자에서 꼭 잠을 자는데, 코를 골면 현이 깨운다.
- **빨래 개기:** 나는 소파에 앉아서 빨래를 갠다. 그러면서 현이 졸고 있는지 살핀다.
- **컴퓨터로 글쓰기:** 키보드를 두드리는 소리가 나지만 일종의 백색 소음이므로 그냥 한다.
- **파티션 치고 게임하기:** 화면이 보이면 동생 공부에 방해가 되므로 첫째 수는 꼭 파티션을 치고 게임한다.
- **차 마시기:** 우리 부부는 거실과 붙어 있는 부엌 식탁에서 차를 마시며 이야기를 나눈다. 현이 조용히 하라고 이야기하면 작은 소리로 말한다.
- **청소기 돌리기:** 청소기를 돌릴 때마다 현은 아무렇지 않다는 듯 이어폰을 낀다. 아무리 시끄러워도 청소는 꼭 해야 하는 일이기 때문이다.

거실에서 아이가 공부하면, 특히나 수험생이 있으면 항상 조용히 해야 한다고 생각할 수도 있다. 하지만 진정한 의미의 거실 교육이라면, 거실에서 가족 구성원들이 각자 하고 싶은 일과 해야 하는 일을 자유롭게 할 수 있어야 한다고 생각한다. 서로 조금의 배려만 있으면 충분하다. 지금 거실에서 느끼는 불편함은 가족 구성원 모두가 각자의 삶을 지속하면서도 아이의 공부를 지원하는 균형점을 찾는 과정이라고 봐야 한다. 무조건 희생이나 통제 대신에 솔직한 소통과 작은 배려로 건강한 학습 환경을 만들어가는 것이 중요하다.

포기가 아니라 선택한 것이라고 믿는다

지인과의 식사 자리에서 육아에 관해 이야기를 나눴다. 지인도 거실 교육을 하기 위해 책상을 모두 거실로 옮겼다고 하면서, 자기가 예전에는 음악 감상을 정말 좋아했는데, 그것을 과감히 포기하고 지금은 아이와 함께 거실에 머무른다고 자랑스럽게 말했다. 어쩔 수 없이 음악 감상은 포기했지만, 거실에서 아이들과 함께하는 것이 너무 좋다고 웃으면서 말하는 지인이 멋져 보이면서도 한편으로는 '포기'라는 말을 들어서인지 안쓰러웠다.

아빠의 이야기

16년 전, 나는 매일 아침 골프 연습장으로 출근하다시피 했다. 주말에도 아이들과 놀기보다는 골프를 쳤다. 아이들이 아빠 직업을 '골프 치는 사람'이라고 말할 정도로 골프를 좋아했었다. 그러다 어느 날, 아이들과 노는 맛을 알고 나서부터는 골프 연습장에 가지 않았다. 나는 내가 골프 연습을 '포기'했다고 생각하지 않는다. 골프를 연습하는 시간과 가족과 보내는 시간 중에 가족과 보내는 시간을 '선택'했을 뿐이다. 당연히 골프는 예전보다 잘 치지 못한다. 그렇지만 전혀 속상하지 않다. 10년 후에 더 못 쳐도 괜찮을 것 같다. 지금 골프 연습을 하는 시간보다는 가족과 함께 보내는 시간이 훨씬 소중하다는 사실을 알고 있기 때문이다.

어떤 부모는 아이에게 무언가를 해주기 위해 자기가 하고 싶은 일을 포기한다고 생각한다. 나도 아이들이 어릴 때 잠깐 같은 생각을 했던 적이 있다. 첫째 수가 태어났을 때는 남편이 너무 바빴기 때문에 나는 내 일을 포기했다고 생각했었다. 하지만 인생을 돌이켜 생각해보면 내가 하고 싶은 일을 '포기'한 것이 아니라 더 중요한 일을 '선택'했을 뿐이다.

인생을 살아가다 보면 순간순간 선택을 해야 한다. 모든 것을 다 할 수는 없다. 결혼하고 아이들이 태어나고 거실 교육을 하면서 남편은 골프 연습과 친구들과의 모임을 줄였고, 나는 일과 취미 생활과 혼자만의 시간을 줄였다. 아이들 곁에서 보내는 시간, 가족과 함께하는 시간을 늘리는 선택을 한 것이다.

거실 인테리어를 예쁘게 하고 싶은 분들이라면 거실을 서재나 공부방으로 만들며 거실 인테리어를 '포기'했다고 생각할 수도 있다. 그렇지만 포기한 것이 아니다. 아이와 편안하고 즐겁게 지내기 위해 거실 교육에 맞는 인테리어를 현명하게 '선택'한 것이다.

아이의 연령에 따른 니즈를 파악한다

아이들이 크면서 우리 집 거실은 여러 번 변신했다. 당연히 우리 부부가 꾸미고 싶은 대로 거실을 바꾸지는 않았다. 가능하면 아이들의 연령에 따른 니즈needs를 세심하게 파악하려고 했고, '어떻게 하면 아이들이 편하게 거실에서 지낼 수 있을까?'를 먼저 고민한 다음에 바꾸려고 노력했다.

유치원~초등 저학년:
엎드리거나 누워도 괜찮다

- **아이의 니즈** → 엄마 아빠와 함께 최대한 많이 놀고 싶다.
- **거실의 모습** → 폭신한 카펫과 편안한 소파가 있는 거실

유치원부터 초등 저학년까지는 아이와 부모가 친밀하게 관계를 형성하는 중요한 시기다. 이때 아이는 자기 방이 있어도 부모님이 있는 침실이나 거실로 오기 마련이다. 초등학교에 들어가면서 점차 부모로부터 독립하려는 경향을 보이긴 하지만, 그보다 어린 시절에는 부모와 함께할 때 심리적 안정감을 느껴 아이는 부모님과 계속 함께 있고 싶어 한다.

이 시기의 아이는 놀이를 통해 세상을 탐구하고 배우는 능력이 발달하기 때문에 부모가 아이와 함께 다양한 활동을 하면 좋다. 공놀이 같은 신체 놀이뿐만 아니라, 창의 놀이(그림 그리기, 종이접기, 블록 놀이 등), 언어 놀이(책 읽어주기, 단어 맞히기 게임, 다섯 고개 등), 역할 놀이(소꿉놀이, 병원 놀이 등) 등을 함께하면 아이가 부모와 유대감도 형성하고 세상에 대한 여러 지식을 배울 수 있다.

거실 교육은 아이가 어리면 어릴수록 시작하고 적용하기가 수월하다. 그런 의미에서 유치원에서 초등 저학년 시기는 학습에 부담이 없어 거실에서 아이가 부모님과 함께하고 싶은 것을 하면서 편하게 보낼 수 있다.

수가 7살, 현이 5살이 되던 해인 2012년에 우리는 지금의 집으로 이사 왔다. 우리 부부는 거실을 서재처럼 만들기 위해서 그에 맞는 책장, 책상과 의자, 소파 등을 장만했다. 그러고 나니 이른바 '거실 서재'의 모습이 제대로 잡힌 듯해서 나름 뿌듯했다. 그로부터 6개월 정도 지났을까? 아이들이 책상에 앉아 책을 읽을 것으로 생각했지만 웬걸 아이들은 소파에 앉거나 바닥에 엎드려서 책을 읽었다. 아이들의 니즈를 잘 파악하지 못한 것이다. 그때 우리 부부는 아이들에게 책상에 앉아 책을 읽으라고 닦달하는 대신, 생각을 바꿔 아이들의 니즈에 맞는 공간으로 거실을 재구성했다. 거실 중앙에 있는 책상을 벽 쪽으로 옮기고 거실 바닥 중앙에는 아이들이 누워서 자유롭게 뒹굴 수 있는 카펫을 깔았다. 이렇게 거실을 바꾸고 나니, 거실은 아이들이 활동하기에 훨씬 적합한 공간이 되었다. 카펫에 앉아서 보드게임을 했고, 책도 카펫에 편히 누워서 읽었으며, 소파에서 낮잠을 자기도 했다.

이 시기의 아이는 오랜 시간 앉아서 학습하기가 힘들다. 그래서 반드시 책상에 앉아서 책을 볼 필요 없이 소파나 카펫에 앉아서 편하게 봐도 괜찮다고 생각한다. 만약 의자에 앉는다면 엉덩이를 등받이에 붙이고 두 발을 바닥에 평평히 두는 바르게 앉는 자세를 알려주면 좋다. 그리고 이 시기의 거실은 아이와 부모가 함께 책을 보고 그림을 그리고 보드게임 등을 하면서 놀고 즐기는 곳이다. 가족이 함께라면 무엇을 하더라도 즐겁고 좋다. 거실에서 아이가 하고 싶은 것을 자유롭게 하도록 두면 아이는 거실에 머무는 그 자체를 편하게 즐길 것이다. 이때의 따뜻하고 즐거운 기억이 앞으로의 거실 교육을 지탱하는 바탕이 됨은 물론이다.

초등 중학년~고학년:
책상에 앉는 습관을 들인다

- **아이의 니즈** → 내 책상이 있으면 정말 좋겠다.
- **거실의 모습** → 폭신한 카펫과 편안한 소파, 책상과 의자가 있는 거실

아이가 초등 3학년 이상이 되면 학교와 학원에서 내주는 숙제의 양이 꽤 많아진다. 이때부터는 더 이상 바닥에 엎드려서 숙제하기가 힘들어지기 때문에 거실에 책상이 필요하다. 우리 집도 아이들이 초등 저학년 때까지는 거실 바닥에 엎드리거나 좌식 책상에 앉아서 숙제를 했는데, 초등 3학년이 되면서부터는 공부하는 시간이 길어져 자연스럽게 책상이 필요했다. 마침 오래된 식탁을 바꿀 때가 되어서 우리 부부는 다음과 같이 의논하여 결정했다.

"이제는 아이들이 책상에 앉는 습관을 들여야 할 것 같아."

"맞아. 바닥에 엎드려서 숙제하는 건 바른 자세를 유지하는 데도 좋지 않고 말이야."

"그럼 식탁을 공부하기 편한 책상 같은 널찍한 나무 식탁으로 바꾸면 어떨까?"

이후 별다른 장식 없이 따뜻한 느낌을 주는 나무 식탁을 구입했다. 아이들은 숙제할 때가 되면 자연스럽게 부엌에 있는 식탁으로 모였고, 남편은 아이들과 함께 식탁에서 책을 읽었다. 당시 거실 중앙에는 큰 소파와 카펫이 그대로 있었다. 숙제도 해야 했지만 아직은 책 읽기나 보드게임 등에도 많은 시간을 쓰기 때문이었다. 초등 중학년에서 고학년으로 올라가는 시기에는 놀이와 학습을 같이할 수 있는 공간이 필요하다. 거실 중앙에 책상만 놓는다면 아이가 조금은 부담을 느낄 수도 있다.

우리 집은 부엌에 있는 식탁을 책상으로 변신시켜 숙제는 부엌에서 하고 놀이와 책 읽기는 거실 중앙에서 할 수 있게 변화를 줬다. 식탁을 이용해 아이들이 자연스럽게 책상에 앉는 습관을 들일 수 있었다. 숙제가 많을 때는 바닥에 엎드려서 하기보다는 책상에 차분하게 앉아서 하는 것이 육체적으로나 시간상으로나 효율적이고 편하다는 사실을 아이들도 알게 되었고 바르게 앉아 학습하는 습관도 기를 수 있었다.

초등 고학년~중학교 1학년: 미디어 통제 능력을 키운다

- **아이의 니즈** → 자유롭게 게임을 하거나 유튜브를 보고 싶다.
- **거실의 모습** → 책상과 의자, 데스크톱 컴퓨터, 벽시계나 타이머가 있는 거실

초등 고학년에서 중학교 1학년까지는 아동기에서 청소년기로 넘어가는 아주 중요한 단계로, 아이의 신체적·정서적·사회적 발달이 활발하게 이뤄지는 시기다. 신체적으로는 성장이 가속화되고 외모에 관한 관심이 높아진다. 정서적·사회적으로는 자아 정체성이 형성되면서 사생활 보호를 요구하기 시작한다. 친구와의 관계가 중요해지며 무리나 그룹 활동에서 강한 소속감을 느낀다. 그러므로 가정에서도 급변하는 아이의 감정에 진심으로 공감하며 고민을 편하게 이야기할 수 있는 환경을 만들어주는 것이 아주 중요하다.

이 시기에 거실 교육이 잘 이뤄지려면 아이가 좋아하는 활동을 거실에서도 할 수 있도록 편안한 분위기를 조성해야 한다. 대개 이 시기의 여자아이는 케이팝을 듣거나 댄스를 배우고 간단한 메이크업이나 헤어스타일을 시도하는 등 자신을 꾸미는 데 관심을 보인다. 또 자기만의 콘텐츠를 만들어 유튜브, 틱톡, 인스타그램 등을 통해 공유하기도 한다. 반면에 남자아이는 활동적이고 도전적인 성향을 띠며, 취미를 통해 에너지를 발산한다. 이 시기 남자아이의 취미는 여자아이와 비교하면 굉장히 단순하다. 거의 모든 관심사가 운동과

게임으로 귀결된다.

우리 집은 아들만 둘이어서 아이들의 대화에 게임 이야기가 빠지지 않고 등장했다. 엄마인 나는 아이들과 소통하기 위해, 그리고 아이들을 잘 이해하기 위해 나름대로 게임에 대해 관심을 가지려고 노력했다. 보통 엄마들은 게임을 잘 모르는 경우가 대부분이라 아이가 게임하는 것 자체를 이해하기 어려워하는데, 이때는 게임에 대해 조금 더 잘 아는 아빠가 중재 역할을 하면 효과적이다(물론 그 반대의 경우도 분명히 있을 것이다). 어쨌든 부모가 해야 할 일은 아이가 하는 게임을 인정해주는 것, 그리고 약속과 신뢰를 통해 게임에 많은 시간을 쓰지 않게끔 아이 스스로 자신을 통제하는 능력을 기를 수 있도록 도와주는 것이다.

청소년이 가장 좋아하는 인기 게임인 '리그 오브 레전드**League of Legends, LOL**'는 게임 가능 연령이 '12세 이상'이다. 12세 이상이 할 수 있는 게임에는 재미있는 것이 참 많다. 다시 말해서 이 나이 때의 아이는 게임을 정말 좋아하고 많이 하고 싶어 한다. 게임 시간이 늘어나면서 TV를 보거나 보드게임 등을 하는 시간은 줄어든다. 그렇기에 이 시기에서 가장 중요한 것은 게임 시간을 제한하는 자기 통제 능력을 키우는 일이다.

미국 하버드대학교 심리학과 엘렌 랭어**Ellen Langer** 교수에 따르면 사람들은 자신이 영향력을 행사할 수 없는 상황에서도 자신이 통제력을 지녔다고 믿을 때가 있다고 한다. 이를 '통제의 환상**Illusion of**

Control'이라고 부르는데, 자기만 열심히 잘하면 원하는 대로 될 것이라고 믿는다는 것이다. 그래서 자신이 통제할 수 없는 일인데도 마치 통제할 수 있는 것처럼 행동한다. 아이는 거짓말을 하려고 하는 것이 아니다. 게임이 그렇다. 시작할 때는 스스로 통제할 수 있다고 믿지만, 사실은 그럴 수 없는 경우가 많이 생긴다.

우리 집은 아이들의 게임 시간 통제를 위해 거실에 데스크톱 컴퓨터를 설치하고 벽시계를 걸어놓았다. 마치 스포츠 경기처럼 게임을 할 때마다 시작하는 시간과 마치는 시간을 정했다. 우리 집은 벽시계를 사용했지만, 타이머도 괜찮다. 아이와 함께 시간 약속을 정할 수 있는 것이면 된다. 이때 가장 중요한 것은 컴퓨터를 거실에 설치하는 것이다. 한번 방으로 들어간 컴퓨터는 거실로 나오기가 힘들기에 거실 교육에 있어서 컴퓨터 설치는 매우 중요하다. 거실에 컴퓨터가 있어야만 게임 시간을 효과적으로 관리할 수 있다. 아이는 게임을 할 때 굉장히 몰입해서 시간이 가는 줄 모른다. 우리 집도 자주 그랬다. 하지만 부모가 함께 있는 거실에서 게임을 한다면 벽시계나 타이머를 보면서 언제부터 언제까지 얼마나 할 것인지 먼저 약속하고 지킬 수 있다.

초등 고학년부터는 본격적으로 학습량이 많아진다. 게임도 해야 하고 학습도 해야 하므로 이 시기에 아이의 생활 습관을 잡는 것은 아주 중요하다. 그렇게 하지 못하고 사춘기로 접어들게 되면 아이의 주장이 강해져서 게임과 학습 시간을 정할 때 아이와 부모가 원만하게 조율하기가 쉽지 않다. 그래서 이 시기에는 거실에 컴퓨터를 설치해서 아이와 함께 게임 시간을 정하고, 그 시간을 지키기 위해 자기를 통제하는 연습을 해야 한다.

효율적인 자기 통제를 위해 다음과 같은 내용이 담긴 계약서를 아이와 부모가 함께 작성하여 벽에 붙여보자. 아직은 연습 단계이기 때문에 천천히 여유를 가지고 응원해줘야 한다. 약속을 지키면 칭찬하고, 약속을 지키지 못하면 실망하더라도 격려하는 동시에 아이에 대해 변하지 않는 믿음을 보이며 다시 약속한다. 이러한 연습은 사춘기 이후에도 게임 시간을 지키는 자기 통제 능력을 키우는 데 도움이 될 것이다. (계약서 작성 방법은 220~223쪽을 참고한다.)

① 일주일에 몇 시간 게임을 할 것인가

② 게임을 하기 전에 무엇을 먼저 해야 할 것인가

③ 해야 할 일을 하지 못한 경우에는 어떻게 할 것인가

중학교 2학년~고등학교:
거실을 스터디 카페로 만든다

- **아이의 니즈** → 공부를 편하게 집중해서 하고 싶다.
- **거실의 모습** → 넓은 책상과 의자, 작은 소파, 데스크톱 컴퓨터, 벽시계나 타이머가 있는 거실

중학교 2학년에서 고등학교까지는 아이가 청소년으로 거듭나면서 학업적 성취를 이루기 위해 자기 주도적 학습 능력을 키워야 하는 중요한 시기다. 이때 거실 교육을 통해 아이가 거실에서 공부하게 되면 부모는 자연스럽게 아이를 관찰하거나 지도할 수 있고, 아이도 스스로 공부하는 습관을 기를 수 있다. 물론 자기 방에서 혼자 공부할 때 집중이 잘되는 아이도 있지만, 반대로 외로움을 느끼거나 딴짓하는 아이도 있다. 이런 경우에 부모가 함께하는 거실에서의 학습은 아이에게 긍정적인 힘을 불어넣어줄 수 있다.

우리 집 아이들은 집에서 공부하는 것을 좋아한다. 거실에서 편한 옷차림에 자유로운 자세로 공부한다. 쉴 때는 침대에 누워서 유튜브를 보기도 하고, 시간적 여유가 있으면 컴퓨터 게임을 하기도 한다. 스터디 카페나 도서관에 가는 것보다 시간도 절약할 수 있고, 간식도 원할 때 먹을 수 있어서 특히 더 좋아한다.

초등학교와는 달리 중학교 때부터는 시험을 본다. 아무리 벼락

치기로 공부하더라도 대다수 학생은 시험을 앞둔 주말에 하루 6~12시간 정도 공부한다. 이렇게 오래 앉아 있어야 하는데 혼자라면 분명 외롭고 힘들 것이다. 가족이 함께 있는 거실이라는 공간은 심적으로 아이에게 큰 도움이 된다.

우리 부부는 첫째 수가 중학생이 되자 공부를 오래 할 수 있는 거실 환경을 만들어줘야겠다고 생각했다. 가족들과 의논한 후에 우리 집 거실을 스터디 카페처럼 만들기로 했다. 큰 소파를 처분하고 넓은 책상을 사서 거실 중앙에 놓았다. 컴퓨터 2대가 있는 책상은 한쪽 벽으로 옮기고, 책장 3개는 소파가 있던 곳으로 옮겼다. 그리고 쉴 때 앉을 2인용 작은 소파를 사서 베란다 쪽으로 놓았다. 스터디 카페처럼 책상이 주가 되는 거실로 바꾼 것이다.

중학교부터 고등학교까지는 아이의 생활에서 학습이 주가 되므로 거실에서 보내는 시간 역시 공부하는 시간이 가장 길다. 우리 집 거실을 스터디 카페처럼 만들고 나니, 아이들이 거실에서 보내는 시간이 꽤 길어졌다. 그렇다고 해서 우리 부부가 아이들의 학습을 위해 자리를 비켜준 건 아니었다. 우리도 공부하는 아이들 옆에서 차를 마시며 책을 읽고 글을 쓰는 등 각자 할 일을 했다. 우리 집 거실의 주인공은 가족 모두이기 때문이다.

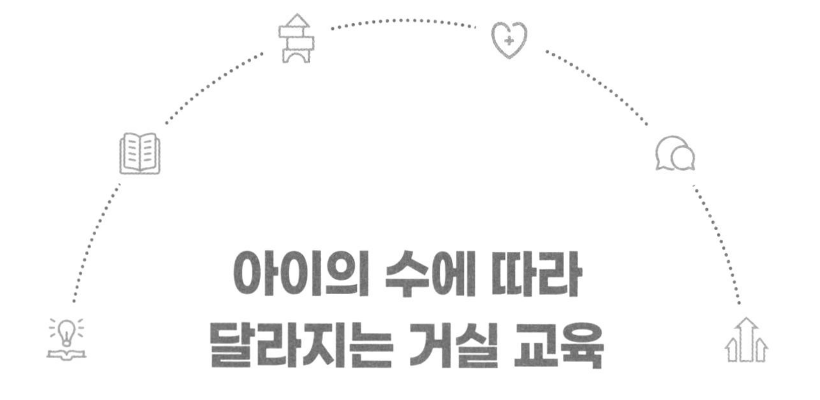

아이의 수에 따라 달라지는 거실 교육

거실 교육에서 아이가 공부할 때 사용하는 책상의 배치는 굉장히 중요한 요소다. 중학교 때부터는 아무래도 공부하는 시간이 늘어나기 때문에 되도록 그 전에 조금이라도 편하게 공부할 수 있는 환경을 만들어주는 것이 좋다. 책상에 앉았을 때 일단 몸이 편해야 마음도 편해진다. 넓고 편안한 책상이 효율적으로 배치된 거실이라면 당연히 아이도 좋아할 것이다.

지금부터는 거실 교육을 하면서 최적의 학습 환경을 제공하기 위한 책상의 배치를 아이의 수(1명일 경우, 2명일 경우, 3명 이상일 경우)에 따라 구분해서 설명하려고 한다. 단, 성별은 크게 고려하지 않았다. 도서관에서 남녀가 함께 공부하는 것으로 이해하면 된다.

아이가 1명일 경우

우리 집처럼 어릴 때는 부엌 식탁에서 공부하다가 본격적으로 공부하는 시기가 되면 거실에 책상을 마련해주자. 부모와 함께하는 공부를 좋아하는 아이라면 거실 중앙에 큰 책상을 두고 부모와 아이가 같이 공부하면 된다. 반대로 혼자 공부하는 것을 좋아하거나 부모가 퇴근 시간 등의 이유로 아이 옆에서 공부를 함께하기 힘든 상황이라면 책상을 벽이나 창밖을 바라보는 위치에 두어도 좋다. 이때 반드시 주의해야 할 점이 있는데, 현관에서 거실로 들어오는 출입구 쪽을 등지고 책상을 배치하지 않아야 한다는 것이다. 아무리 가족이라도 뒤에서 무엇을 하는지 언제든지 볼 수 있는 환경이라면 마음이 편하지 않아 오히려 아이가 자기 할 일에 집중할 수 없기 때문이다. 아이가 외동이라면 이렇게도 해보고 저렇게도 해보면서 우리 집만의 스타일을 찾아가면 된다. 그리고 아이가 일상에서 자기 의견을 적극적으로 말하기 시작한다면 책상 배치 시 아이의 의견도 적극적으로 반영하는 게 좋다.

거실에 책상을 배치하는 2가지 방법과 각각의 경우에 따른 장단점과 주의할 점을 구체적으로 정리하면 다음과 같다.

큰 책상을 거실 중앙에 배치할 때

포인트 아이가 앉고 싶은 위치를 존중한다.

장 점 부모가 아이와 함께 책상에 앉아 자기 일을 할 수 있다.

단 점 집중력이 떨어지거나 아이가 자기만의 공간이 없다는 생각을 할 수 있다.

거실 구조상 중앙에 큰 책상을 놓고 그 옆에 작은 책상을 배치하는 것이 가능하다면 아이가 초등 고학년이나 중학생이 될 때 둘 중 어떤 책상을 쓸지 정해주자. 부모가 큰 책상을 사용한다면 아이는 작은 책상을 혼자 사용하면 된다. 우리 집은 첫째 수가 대학에 진학하면서 집에 둘째 현만 있게 되자, 이후로 현은 큰 책상 옆에 있는 작은 책상을 자기 공간이라 생각하고 공부나 독서 등 모든 일을 그 책상에서 하고 있다. 그때마다 우리 부부는 큰 책상에서 책을 읽거나 글을 쓰는 등 각자 할 일을 한다.

적당한 크기의 책상을 벽을 보고 배치할 때

포인트 책상의 위치를 아이와 함께 정한다.

장 점 아이의 집중력을 향상시킬 수 있고, 책상이 개인 공간이라는 느낌을 준다.

단 점 부모와 아이가 함께하는 느낌은 아무래도 줄어든다.

거실 중앙에 큰 책상을 배치해서 사용했는데 아이가 집중이 잘

안 된다고 하면 적당한 크기의 책상을 벽을 보게 배치하는 쪽으로 전략을 바꾼다. 이때 아이가 앉아서 공부나 독서 등 활동을 해보고 필요하다면 거실 내에서 다시 책상의 위치를 바꾸면서 최적의 자리를 찾는다. 책상은 가능한 한 창가 쪽에 놓아 자연광을 최대한 활용하면 좋다. 그리고 뒤에서 가족이 다가와 쳐다보는 것이 신경이 쓰일 수도 있으니, 되도록 현관에서 거실로 들어오는 출입로를 아이가 등지지 않게 한다. 또 부모가 안방에서 나왔을 때 아이 등이 바로 보이는 위치도 같은 이유로 피한다. 그런데 아무리 이 방향 저 방향으로 배치해도 벽을 향해서 놓인 책상에 앉으면 아이 스스로 감시당한다는 느낌을 받을 수도 있다. 이때야말로 부모의 역할이 중요한데, 간혹 아이가 멍때리거나 딴짓하고 있는 것처럼 보여도 잔소리하지 않고 넘어가주는 게 좋다. 아무쪼록 활짝 열린 환경에서도 아이가 최대한의 프라이버시를 보장받을 수 있도록 부모가 운용의 묘를 발휘해보자. (책상은 이왕이면 아이의 물건을 수납할 수 있는 서랍이나 선반이 있는 형태를 선택하면 좋다.)

아이가 2명일 경우(feat. 우리 집 형제, 수와 현)

우리 집은 거실 중앙에 큰 책상을 놓고 수와 현이 같이 사용했다. 그리고 벽 쪽에 컴퓨터 책상을 따로 설치했다. 첫째 수는 인터넷 강의를 듣는 시간이 늘어나면서부터 벽 쪽의 컴퓨터 책상에서 공부했고,

현은 늘 해왔던 대로 거실 중앙의 큰 책상에서 공부했다. 그러다가 형제가 다시 거실 중앙에서 공부할 때는 작은 책상 2개를 놓은 다음, 중앙에 큰 책상을 세로로 설치해서 서로의 공간을 분리했다. 형제가 둘 다 답답한 환경을 싫어해서 벽 쪽으로 책상을 배치하지는 않았다. 다만 아이들은 안방을 바라보는 방향으로 책상에 앉았다. 안방에서 나오는 엄마 아빠와 얼굴을 마주 보는 위치였다. 부모님이 안방에서 나올 때마다 아이를 보게 되면 혹시 부담스럽지는 않을까 염려할 수도 있지만, 오히려 안방을 등지고 있으면 부모님이 나를 감시한다는 생각을 가질 가능성이 크다.

아이들의 나이 차이가 크지 않을 때

대략 연년생에서 3살까지 차이가 나는 경우다. 이런 경우에는 책상의 종류와 배치에 관해서 아이들의 의견을 적극적으로 반영한다. 아이들의 성향이 비슷하다면 거실 중앙에 큰 책상을 놓고 함께 앉아서 공부해도 좋고, 둘 다 벽을 보고 책상을 배치해도 괜찮다. 아이들의 성향이 다르다면 각자에게 원하는 위치를 물어서 한 명은 거실 중앙에, 다른 한 명은 벽을 향해 앉게 하면 된다. 고정된 배치를 고집할 필요는 없다. 아이들이 공부하면서 불편하거나 지겹다고 하면 위치를 바꿔주면 그만이다. 우리 가족이 모두 편안해할 때 가장 좋은 거실 교육이 된다.

아이들의 나이 차이가 클 때

4살 이상 차이가 나는 경우다. 이런 경우에는 첫째가 공부에 집중해야 하므로 일단은 큰아이의 성향에 따라 책상을 배치한다. 이때 둘째가 아직 책상에 앉을 나이가 아니라면 거실 중앙에 놀이할 수 있는 공간도 남겨둔다. 혹시 첫째가 동생 때문에 집중이 안 된다고 하면 책상을 벽을 향해 놓아준다. 만약에 둘째가 첫째처럼 책상을 사용하고 싶다고 하면 두 아이의 책상을 나란히 놓는다. 아이들이 서로 집중을 못 할 때는 첫째의 책상은 앞에, 둘째의 책상은 뒤에 배치하면 좋다. 큰아이는 작은아이의 행동에 방해받지 않고, 작은아이는 큰아이가 공부하는 모습을 보고 따라 할 가능성이 크기 때문이다.

공유 책상을 배치할 때

장 점 공간을 절약하고 상호 학습 기회를 제공한다.

크고 긴 책상을 거실 중앙에 놓고 두 아이가 책상을 공유하는 방법이다. 이런 경우에는 크고 긴 책상 하나를 두 아이가 공유하되, 각각의 공간을 분리할 수 있도록 중간에 칸막이나 책장을 배치하면 효과적이다. 또 아이들이 자기 물건을 각자 알아서 보관할 수 있는 개별 서랍이나 보관함 등을 책상 주변에 별도로 준비해줘도 좋다.

2개의 책상을 배치할 때

장 점 아이들 각자의 학습 스타일을 존중하고 충돌을 최소화할 수 있다.

거실 중앙이나 벽 쪽에 2개의 책상을 나란히 배치하거나 각자 다른 벽을 보도록 배치한다. 이때 처음에 정한 자리를 절대로 끝까지 고정하지 않는다. 아이들의 성향을 정확히 파악하지 못했을 수도 있고, 새롭게 배치하면서 기분 전환 겸 조금씩 자기만의 스타일을 찾을 수도 있기 때문이다. 또 무엇보다 책상이 자기만의 공간이라는 사실을 아이에게 확실히 알려줄 수 있는 배치에 중점을 둔다. 2개의 책상 사이에 이동형 서랍이나 작은 책장을 놓으면 공간의 효율적인 활용도 가능하다.

아이가 3명 이상일 경우

아이가 3명 이상이면 나이 차이가 큰 경우가 꽤 있다. 다음과 같은 상황을 생각해보자.

첫째가 책상에 앉아서 공부에 집중해야 하는 초등 고학년이 되었다. 이때 부모는 첫째에게 공부방을 만들어주고 싶다. 첫째는 자기만의 공부방이 생겼지만 이제까지 동생들과 거실에서 생활했던 터라 혼자 방에서 공부하는 것이 외로울 수 있다. 동생들도 누나/언니/형이 무엇을 하고 있는지 궁금하다. 그러면 누나/언니/형은 자꾸 거실로 나오게 되고 동생들은 누나/언니/형을 보러 공부방으로 들어가게 된다.

1 이런 경우에는 거실에 큰 책상을 설치한다. 그러면 첫째는 책상에서 공부하겠지만, 동생들은 아직 어려서 공부하기보다는 놀고 싶어 할 것이다. 이처럼 공간 활용의 주목적이 다를 때는 큰 책상을 거실 벽 쪽으로 설치하면 좋다. 그러면 첫째는 벽 쪽의 책상에서 공부하게 되고, 동생들은 거실 중앙에서 놀게 된다. 이때 첫째가 공부에 집중할 수 있을까 하는 걱정이 생기는데, 오히려 아이는 어수선한 분위기에서 집중력을 발휘하는 경우가 생각보다 꽤 많다. 스피커에서 나오는 노랫소리, 사람들의 대화 소리 등 백색 소음이 가득한 카페에서 공부가 잘되는 것처럼 거실에 적당한 소음이 있어도 공부하는 데 큰 지장은 없다. 만약 첫째가 집중이 잘 안 된다면 동생들이 무엇을 하고 있는지가 궁금하기 때문일 것이다. 어느 정도 시간이 지나면 첫째가 동생들이 무엇을 하는지, 부모님이 무엇을 하는지 딱히 신경 쓰지 않는 시기가 온다. 그때까지 자연스럽게 지켜보면 그만이다.

2 동생 중 하나가 자기도 책상을 가지고 싶다고 하면 똑같은 책상을 첫째 책상 옆에 나란히 배치하거나 큰 책상 중 특정 구역을 동생의 몫으로 정해준다. 그러다 보면 아이들 모두 자기 책상을

가지게 되어 자연스럽게 거실에서 다 함께 공부할 수 있다.

3 책상에 앉아 첫째는 숙제하고, 둘째는 그림책을 읽고, 셋째는 종이접기를 한다. 각자의 책상에서 해야 하거나 하고 싶은 일을 하면 된다. 책상에 앉아 있는 것 자체가 불편한 아이는 거실 바닥에서 놀게 한다.

공유 책상을 배치할 때

장 점 공간을 절약할 뿐만 아니라, 아이들이 서로 도울 수 있어 부모가 자녀를 관리하기 쉽다.

하나의 크고 긴 책상을 배치해 아이들이 나란히 앉을 수 있도록 한다. 아이들 각각의 공간을 명확하게 구분하기 위해 테이프나 책상 칸막이를 사용한다. 각자의 물건을 보관할 수 있는 서랍이나 정리함도 준비해준다. 책상마다 개별 조명을 설치해 밝기 조절을 가능하게 하는 것도 중요하다.

L자형 또는 U자형으로 책상을 배치할 때

장 점 아이들이 자기만의 공간을 가질 수 있고, 중앙에는 함께 쓰는 자료나 물건을 두기 좋다.

아이들 각자에게 독립된 공간을 제공하면서도 필요할 때는 서로 자연스럽게 소통할 수 있는 위치로 자리를 정한다. 이때 책상마다 개인 조명 및 정리함을 준비해주면 좋다.

개별 책상을 배치할 때

장 점 아이들 각자의 학습 스타일과 필요에 맞춘 독립된 공간을 제공하고, 서로 최소한의 간섭으로 집중력을 끌어올릴 수 있다.

각각의 개별 책상을 창가 근처, 벽 쪽, 다른 구석 등 거실 곳곳에 배치한다. 역시 책상마다 개인 조명 및 정리함을 둔다.

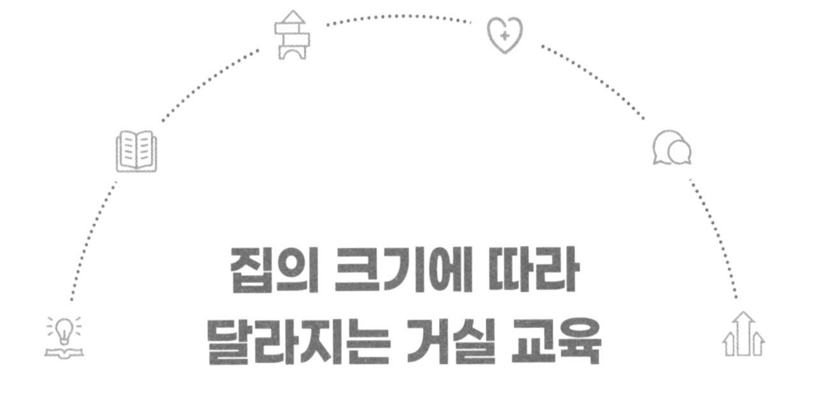

집의 크기에 따라 달라지는 거실 교육

우리 집 거실은 집의 형태와 크기에 따라 변했다. 첫째 수가 아기였을 때는 거실이 따로 없는 임대 아파트, 수가 유치원에 다닐 무렵에는 20평대 관사, 수가 초등학교에 입학하면서부터는 40평대 아파트에서 살았다. 사는 집이 바뀌면서 그에 따라 거실의 크기도 달라졌지만, 우리 가족은 그 크기와는 상관없이 항상 거실에서 자연스럽게 일상을 공유했다.

다음은 집의 크기에 따라 달라진 거실에서 우리가 어떻게 거실 교육을 했는지에 대한 내용이다.

20평 이하

거실이 작거나 따로 거실이 없을 때는 집에서 가장 큰 방을 거실처럼 활용하면 된다. 책상을 놓을 자리가 마땅치 않다면 접이식으로 된 큰 상을 써도 괜찮다. 아이가 어릴 때는 학습 시간이 길지 않기 때문에 잠깐씩 상을 펼쳐서 부모와 함께 책을 읽고 공부해도 충분하다. 아이가 커가면서는 과감히 안방을 공부방으로 내어주는 것도 방법이다. 안방에 큰 책상을 놓고 온 가족이 함께 공부하고 생활하는 공간으로 만든다.

20~30평대

보통 이 평수의 집에서는 거실 한편에 TV를 설치하고 그 반대편에 소파를 놓는 경우가 많다. 그러면 책상과 책장을 놓을 공간이 부족해지므로 TV가 꼭 필요하다면 안방이나 다른 방으로 옮기는 것을 추천한다. 거실을 훨씬 넓게 사용할 수 있기 때문이다. 이때 거실에 높은 책장을 놓으면 거실이 더 좁아 보이고 답답해지므로 되도록 낮은 책장을 권한다. 거실 중앙에 책상을 놓는 것도 신중히 하자. 아직 아이의 주된 활동이 공부가 아닌 시기에 큰 책상을 놓으면 책상이 거실 공간만 차지해 생활을 불편하게 만들고 그 기능을 제대로 하지 못하기 때문이다.

30평대 이상

비교적 거실이 넓기에 아이와 함께 생활하는 공간으로 사용하면 좋다. 아이가 초등학교, 중학교, 고등학교에 진학할수록 책장에 보관할 책이나 문제집들이 많아진다. 그래서 거실이 넓다면 되도록 처음부터 높은 책장을 마련하도록 하자. 또 넓은 거실 공간을 활용해 아이가 사춘기가 되기 전에 미리 거실에도 개인적인 공간을 만들어주면 좋다. 책상은 아이가 넓은 공간을 원한다면 거실 중앙에, 간섭이 최소화된 독립적인 공간을 원한다면 벽 쪽에 놓는다. 이때 거실 천장 중앙에 달린 조명만으로는 벽 쪽에 배치한 책상까지 비출 수 없기에 책상마다 조명을 준비한다.

PART 2

아이의 기본기를
탄탄하게 키우는
거실 교육

Chapter
3

공부하는 거실

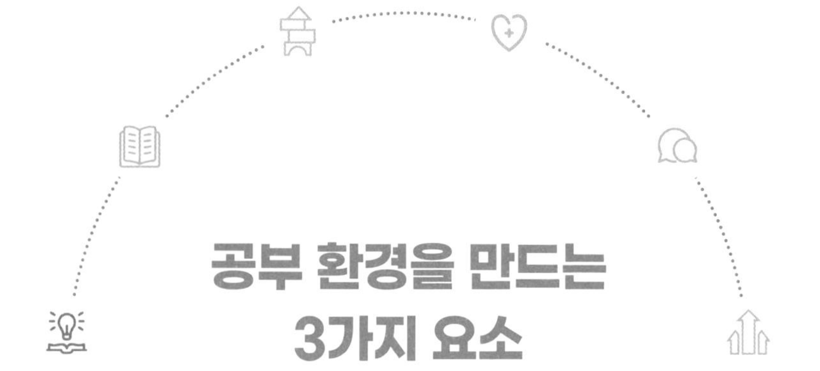

공부 환경을 만드는 3가지 요소

거실 교육에서 공부는 굉장히 중요하다. 아이가 어린이집과 유치원을 거쳐 초등학생, 중학생, 고등학생으로 점점 자라면서 일상에서 가장 많은 부분을 차지하는 일이 공부이기 때문이다. 부모가 거실에 미리 학습과 일상생활이 자연스럽게 어우러지는 공부 환경을 조성해주면 아이는 편안하게 공부할 수 있을 것이다. 우리 부부는 거실에 책상, 책장, 파티션 등을 조화롭게 배치해가면서 아이들에게 가장 잘 맞는 공부 환경을 만들어줬다.

책상

책상의 배치

TIP 우선 배치하고, 사용하면서 바꾸고, 지겨우면 또 바꾸면 된다.

우리 집은 거실 교육을 하면서 책상의 위치를 수시로 바꿨다. 아이들이 어릴 때는 부엌에 있는 엄마 아빠와 자주 눈을 마주칠 수 있도록 식탁을 책상으로 겸했고, 호기심과 궁금증이 넘쳐나는 초등학생 때는 벽 앞이나 베란다 창문 쪽에 책상을 놓아 집중력을 높이려고 했다. 중학교에 들어가면서부터는 절대적인 공부량이 많아졌지만, 아이들의 집중력이 좋아졌기 때문에 책상을 거실 중앙에 놓고 사용했다. 이렇게 아이들은 시간과 목적에 따른 여러 가지 변화를 겪으며 거실에서 자기 자리를 찾아갔다. 특히 첫째 수는 벽 앞에 놓인 컴퓨터가 있는 책상에서 인터넷 강의를 들으면서 공부했다. 벽을 보고 공부하면 답답하지 않을까 걱정되었지만, 오히려 집중이 잘된다고 했다. 둘째 현은 거실 중앙에 놓인 책상에서 공부했는데, 답답하지 않아서 좋다고 했다.

거실 교육을 위해 거실에 책상을 놓는다면 우선 이곳저곳에 배치해보면 된다. 벽을 등지는 위치, 벽을 바라보는 위치, 거실 중앙, 베란다를 등지는 위치, 베란다 창문을 바라보는 위치 등 다양한 배치를 시도해보고, 아이에게 어느 곳에서 가장 집중이 잘되는지를 반드시 물어본다. 이때 아이의 의사를 반영해서 책상의 위치를 정했더라도 또 시간이 흘러 분위기를 바꾸고 싶다면 아이와 함께 이야기를 나눠서 바꾸면 된다.

책상의 높이

TIP 직접 앉아 사용해보고 천천히 결정하면 된다.

책상은 사용하는 사람에게 맞는 높이여야 올바른 자세를 유지하고 피로와 신체적 부담을 줄일 수 있다. 아이의 신체에 맞는 높이의 책상을 선택하거나 높이 조절 기능이 있는 책상을 마련하는 것도 하나의 방법이다.

다음은 우리 부부가 거실 교육을 위해 책상을 선택할 때 고려했던 4가지 기준으로, 가정의 상황에 따라 적절히 참고한다.

1 성인용 책상의 표준 높이는 약 72~75cm이다.

2 책상의 높이는 사용하는 사람의 팔꿈치 높이에 맞춰야 한다. 팔꿈치가 자연스럽게 90도로 구부러지고, 손목을 편안하게 책상 위에 올릴 수 있어야 한다.

3 아이의 키에 따른 적절한 책상의 높이는 다음과 같다.

- 110~120cm는 약 52cm
- 120~130cm는 약 55cm
- 130~140cm는 약 58cm
- 140~150cm는 약 62cm
- 150~160cm는 약 66cm
- 160~170cm는 약 71cm
- 170~180cm는 약 75cm

4 책상의 높이와 의자는 반드시 조화를 이뤄야 한다. 책상에 앉았을 때 발이 바닥에 평평하게 닿으며 책상과 팔꿈치의 높이가 이상적인지를 확인한다.

책상 선택 시 기타 고려 사항

1 꼭 앉아보고 사용해본 다음에 아이에게 맞는 책상을 선택한다. 아이한테 직접 학교, 학원, 도서관, 스터디 카페 등 다양한 곳에 있는 책상에 앉아보고 나서 자기에게 가장 편한 책상의 높이를 이야기해달라고 하면 좋다. 이때 의자의 높이도 반드시 확인한다.

2 책상은 한번 마련하면 짧은 시간 내에 바꾸기가 어려우므로 되도록 신중하게 고른다. 지금 당장 거실 교육을 시작하고 싶다면 일단은 방에 있는 책상을 거실로 옮기거나 식탁으로 책상을 대

신한다. 원래 집에 있던 책상을 사용해보고 불편하면 그때 바꿔도 늦지 않다.

3 중학생이 되면서부터 아이는 특히 더 많은 시간을 책상 앞에서 보낸다. 그럴수록 책상을 선택할 때는 아이의 의견을 최대한 적극적으로 반영한다.

4 책상의 용도에 따라 권장 높이가 조금씩 다르다. 성인을 기준으로 공부용 책상은 약 72~75cm, 사무용 책상은 약 70~75cm, 게임용 책상은 약 70~80cm(모니터 크기와 의자 높이에 따라 다름)이다.

5 사용자의 신체에 따라 유연하게 높이의 조절이 가능한 책상과 의자도 있지만, 고가인 경우가 대부분이다. 오히려 고정된 높이의 책상과 의자가 흔들림이 없어 안정감을 주는 등 각각의 장단점이 분명하므로 가정의 경제 상황에 맞춰 선택하면 된다.

책장

"초1, 초3인 아이들과 거실 교육을 하고 있습니다. 그런데 최근에 고민이 하나 생겼습니다. 아이들의 학년이 올라갈수록 책과 문제집이 기하급수적으로 많아질 텐데, 모두 거실 책장에 보관해야 할 까요? 책장을 더 사야 할지 고민입니다."

우리 집은 거실을 스터디 카페로 만들면서 책장에 있는 책을 정리하기 시작했다. 물론 아이들이 어릴 때도 책이 적은 건 아니었지만 중고등학생이 되면서부터는 문제집, 자습서, 읽어야 할 책 등이 정말 많아졌다. 우리 집 거실에는 3개의 큰 책장이 있었는데 책을 정리하는 김에 책장의 위치를 옮기면서 첫째 수의 책장, 둘째 현의 책장, 우리 부부의 책장까지 하나씩 책장의 주인을 정했다. 그러고 나서 각자의 책장에는 자기의 책만 꽂아놓기로 했다.

아이들은 자기만의 책장이 생겨서 그런지 정말 좋아했다. 책장 맨 위 칸을 각자의 사진이나 소중하게 여기는 물건을 놓아서 꾸며놓으니 나름 인테리어 효과도 누릴 수 있었다. 또 아이들이 직접 문제집, 자습서, 읽을 책 등을 스스로 정리하니 때마다 필요한 책이 어디에 있는지도 쉽게 찾을 수 있었다. 이처럼 개인 책장은 아이가 자기만의 개성을 드러낼 수 있고, 정리도 훨씬 수월하므로 강력하게 추천한다.

다음은 거실 교육을 할 때 도움이 될 만한 책장에 대한 몇 가지 팁이다.

1 거실 교육을 할 때 책장은 인테리어를 위한 디자인보다는 책을 최대한 많이 꽂을 수 있을 만큼 충분한 수납 공간인지를 가장

먼저 살펴보고 내구성이 좋은 것으로 선택한다. 계속 언급하지만 아이가 커가면서 문제집, 자습서, 읽어야 할 책 등이 점점 많아지기 때문이다.

2 개방형 책장은 공간을 넓고 시원하게 만들어주며, 문이 달린 폐쇄형 책장은 먼지나 햇빛으로부터 책을 보호하고 깔끔한 느낌을 준다. 각 가정의 상황 및 선호도에 따라 선택하면 된다. 하지만 지금까지 거실 교육을 하며 미뤄봤을 때 아이에게는 개방형 책장이 조금 더 활용도가 높은 편이다. 책을 찾거나 정리할 때 문을 여닫을 필요가 없어서 훨씬 수월하기 때문이다.

3 각 칸의 높이를 조절할 수 있거나 칸 높이가 다양하게 나오는 책장이 좋다. 아이의 책은 종류에 따라 높이가 천차만별이기 때문이다. 보통 문제집은 높이가 26~30cm로 높고, 일반적인 책은 20~24cm로 낮다.

4 책장에 책을 꽂을 때는 자주 손이 가는 책(현재 읽어야 할 책, 읽었으면 하는 책, 읽고 싶은 책)은 아이가 의자에 앉았을 때의 눈높이와 맞는 칸에 꽂으면 좋다. 보통 바닥에서부터 70cm~1m 50cm 위치다. 아이가 자라면서 앉은키는 계속 변하기 때문에 꼼꼼하게 살핀다.

5 세계 명작, 고전, 서울대 선정 도서 등과 같이 아이가 읽었으면 하는 책은 책장의 맨 아래 칸에 꽂아둔다. 오랜 시간 거실 교육을 진행한 경험으로 미뤄보면 언젠가 아이는 책장에 꽂혀 있는 책을 상당 부분 읽게 된다.

6 책장은 거실 한쪽 벽을 채울 수 있는 것으로 하되, 한번 집에 들이면 여간해서는 바꿀 일이 없으므로 장기적으로 사용할 계획이라면 처음부터 과감히 투자하여 최대한 품질이 좋은 것을 선택한다.

7 거실의 크기가 작다면 높은 책장은 거실을 답답하게 만들므로 되도록 키가 낮은 책장을 들이는 것이 좋다.

8 책장은 무엇보다 안전성이 중요하다. 벽에 고정할 수 있는 장치의 여부를 확인하고 선반이 견고하여 흔들리지 않도록 설계된 것을 선택한다.

9 책장 바로 앞에 소파나 책상 같은 가구를 놓으면 책을 쉽게 꺼내기가 어려우므로 이 부분은 꼭 주의하도록 한다.

파티션

"아이가 셋인데, 나이 차이가 꽤 많이 나요. 첫째 16살 딸, 둘째 11살 아들, 셋째 6살 아들이에요. 첫째는 어느 정도 스스로 절제하면서 자기 할 일을 잘하고 있어서 다행인데, 둘째는 아주 게임 속으로 들어가기 일보 직전이에요. 그래서 컴퓨터를 사면 거실에 설치할 예정인데 막내에게 노출될까 봐 걱정입니다. 요즘에는 정말 천국과 지옥을 왔다 갔다 하는 기분이에요."

아이가 둘 이상인데 나이 차이가 크게 난다면 거실이라는 공용 공간에서 어떻게 다 같이 생활해야 할지 고민이 많이 생긴다. 이럴 때는 파티션을 활용한다. 파티션을 설치해 컴퓨터를 하는 구역과 공부를 하는 구역으로 나눌 수 있다.

우리 집 거실에서 눈에 띄는 하나가 있다면 바로 이동식 파티션이다. 거실에 파티션을 설치하면 같은 공간에 있지만 다른 공간으로 분리하는 효과가 있다. 우리 집 형제 수와 현도 거실에서 같이 공부할 때가 많았는데, 같은 공간에 있어서 그런지 자주 서로에게 신경을 썼다. 특히 둘은 보통의 형제보다 더 친한 편이어서 공부하는 중간에도 게임, 유튜브, 웹 소설 등의 이야기를 갑자기 할 때가 꽤 있었다. 공부의 흐름이 끊기는 것이다. 그럴 때마다 남편이 아이들의 이름을 부르면 다시 집중해서 공부하곤 했다.

하루는 수와 현이 서로에게 너무 자주 말을 걸어서 공부에 유독

이동식 파티션을 사용해서 거실 공간을 분리한 모습.

집중하지 못한 날이 있었다. 우리 부부는 좋은 방법이 없을까 고민하다가 마침 집에 있던 가장 큰 사이즈의 우체국 택배 상자를 꺼내서 두 아이의 책상 사이에 올려놓았다. 그랬더니 이내 아이들이 조용히 공부에 집중하기 시작했다. 그래서 '이거다!' 하고 바로 이동식 파티션을 구입했다.

사실 평상시에는 파티션을 쓸 일이 별로 없다. 우리 집은 아이들의 집중력이 떨어져서 서로 잡담을 많이 하거나, 수가 인터넷 강의를 듣고 현이 책을 보면서 공부하는 등 서로 성격이 다른 일을 할 때 정도만 파티션을 사용했다. 파티션의 마법이랄까, 그러면 수와 현은 언제 그랬냐는 듯 다시 조용하게 집중하는 모습을 보였다.

공부 정서를 키우는 방법

아이가 공부에 대해서 떠올리는 감정인 공부 정서는 거실 교육을 하면서 우리 부부가 가장 중요하게 생각했던 부분이다. 아이들은 초등 고학년부터 중고등학교 때까지 집에서 보내는 대부분의 시간에 공부를 했다. 그래서 우리 부부는 거실에 안정적인 공부 환경을 조성해주기 위해, 또 아이들과 최대한 많은 시간을 함께하기 위해 노력했다. 이러한 노력 덕분인지 아이들은 엄마 아빠의 지지와 격려를 받아 힘을 내면서 안정적으로 공부 정서를 키워나갈 수 있었다.

같은 공간에서 보내는 부모의 조용한 응원

아빠의 이야기

주말에 골프를 치고 회식 후 돌아오는 길에 아내와 통화를 했던 날이었다. 아내가 이런 부탁을 했다. "다음 달부터는 골프와 회식을 줄여서 공부하는 아이들 곁에 함께 있어주면 좋겠어. 당신이 있을 때 아이들이 더 열심히 하거든." 아내의 말을 듣고선 나는 이내 그러겠다고 대답했다.

나는 중학교 때 책상에 앉아서 공부하는 습관이 생겼다. 인제 와서 생각해보면 아버지의 영향이 정말 컸다. 그 시절 시험 기간만 되면 아버지는 나와 동생이 있는 방에 들어오셔서 분재를 하셨다. 그때만 해도 나는 '아버지가 분재를 정말 좋아하시는구나'라고 생각했다. 분재를 할 만한 곳이 마땅치 않아서 우리 방에서 하시는 것으로 생각했다. 아버지가 방에 계시니까 나와 동생은 놀지 않고 열심히 공부했다. 시간이 흘러 어른이 된 후에 아버지께 여쭤봤다.

"아버지, 그때 왜 저희 방에서 분재를 하셨어요?"

"너희들 감시하려고 그랬지. 너희들 학교 졸업하고 나서부터 나도 분재 끝냈다."

우리는 한참을 웃었다. 나는 지금까지 아버지가 우리 때문에 그러신 줄은 꿈에도 몰랐다. 낮에 힘든 농사일을 하시고 아버지도 밤에는 편히 쉬고 싶으셨을 텐데, 일부러 자식들 옆에서 함께하셨던 것이다. 아버지 덕분에 나는 책상에 앉아서 공부하는 습관이 생겼고,

지금까지 책상에 앉아서 공부하고 있다. 아버지가 물려주신 최고의 유산이다.

둘째 현의 고등학교 1학년 첫 중간고사 시험 기간이었다. 우리 집 거실은 현을 위한 스터디 카페로 변신했다. 현은 중간고사 공부를 하고, 우리 부부는 각자 할 일을 하면서 조용히 현을 응원했다. 남편은 책을 읽고 글을 썼고, 나는 책을 보고 빨래를 정리하고 간식을 준비했다. 아들과 같이 거실 책상에 앉아 이런저런 일을 하다 보면 허리도 아프고 피곤할 때가 많다. 현도 쉬지 않고 공부하느라 어깨가 매우 아픈 모양이었다. 공부하는 아들 뒤에서 어깨를 주물러주다 보면 안쓰러운 생각과 함께 대견한 마음이 든다. 아이의 어깨를 주물러주는 건 어려운 일이 아니다. 공부하는 아이의 수고에 비하면 말이다. 옆에서 조용히 응원할 뿐, 열심히 하라고 직접 말하지는 않는다. 그냥 묵묵히 지켜본다.

아이에게 가정은 온실이며 부모는 온실의 정원사와도 같다. 꽃봉오리에 조급하게 손을 대고 빨리 꽃을 피우라고 독촉한다고 해서 꽃은 일찍 피지 않는다.

거실 교육을 하면 부모는 가까이에서 아이가 공부하는 모습을 자주 보게 된다. 이때 아이가 힘들어하면 쉬면서 하라고 토닥여주고, 꾸벅꾸벅 졸면 이제 자라고 말해준다. 출출해하면 간식이 필요하냐고 물어봐주고, 목이 마른 것 같으면 시원한 물을 가져다준다. 온실의 정원사가 정성스럽게 꽃과 나무를 키우듯 부모도 그저 아이

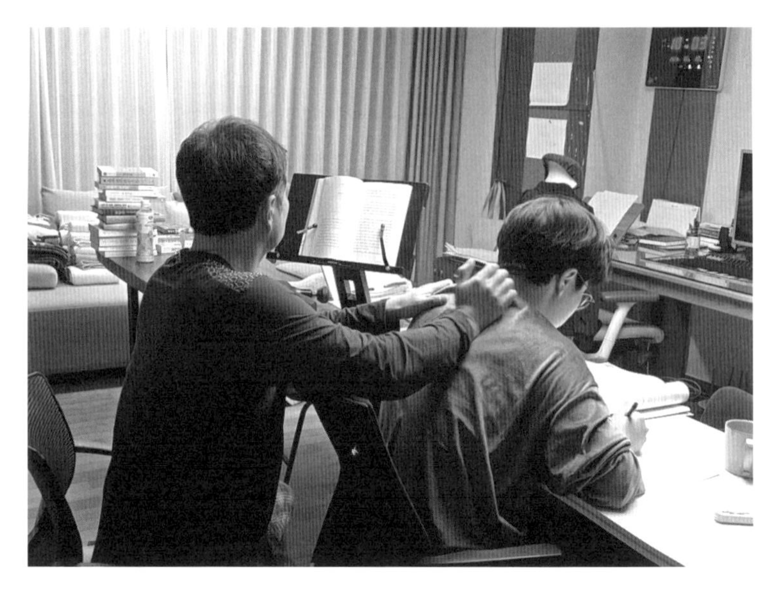

아빠가 공부하는 현을 조용히 응원하기 위해 어깨를 주물러주는 모습.

옆에서 물을 가져다주고, 간식을 챙겨주고, 피곤하면 어깨를 주물러 주는 것이다. 공부하는 주체는 아이다. 부모도 경험해봐서 알지만, 공부는 외롭고 고되다. 그래도 계속해야 한다. 그래서 더 안쓰러운지도 모른다. 이때 부모가 할 수 있는 응원은 조용히 옆에서 지켜봐 주는 것이다.

아이의 마음을 움직이는 보상

첫째 수가 초등 6학년 때의 일이다. 어느 날 영어 학원에서 전화가 왔다. 지난 몇 주간 아이가 영어 단어를 절반 정도만 외우고 테스트를 봤다는 것이었다. 더는 안 되겠다 싶어서 일주일 동안 영어 단어 테스트에서 만점을 받으면 주말에 컴퓨터 게임 시간을 1시간 추가해주기로 아이와 약속했다. 단순한 방법이었지만 결과는 놀라웠다. 자기가 좋아하는 컴퓨터 게임 시간이 걸려서 그런지 아이는 아주 열심히 영어 단어를 외웠고, 시험에서도 만점을 받았다. 이전에는 영어 단어를 외웠는지 계속 확인하면서 공부하라고 이야기했는데, 이 약속 이후부터는 능동적으로 영어 단어를 외웠다. 사실 생각해보면 아이가 영어 단어를 공부하는 절대 시간이 늘어난 것은 아니다. 게임을 더 하겠다는 목표가 있어서 집중하고 간절히 외웠기 때문이다.

아이도 자신의 장래를 생각하면 공부를 열심히 해야 한다는 것은 알지만, 당장은 놀고 싶은 마음이 큰 나이라 그리 열심히 하지 않는다. 현재의 만족이 더 크게 느껴지기 때문이다. 따라서 '눈앞의 당근' 작전은 아이가 공부를 미루지 않고 지금 즉시 하도록 만드는 전략 중 하나다. 그러면 아이에게 어떤 당근, 즉 어떤 보상을 해주는 것이 좋을까? 이것은 아이의 성향에 따라, 그리고 각 가정이 처한 상황에 따라 다르다. 우리 집에서 사용했던 방법은 아이에게 보상을 선택하게 하거나 하고 싶은 활동을 선택할 권한을 주는 것이었다. 그러면 수와 현은 본인들이 원하는 보상을 얻기 위해 최선을 다했고 대체로 결과도 좋았다.

다음은 아이의 연령에 따른 보상의 구체적인 예시다. 이미 우리가 거실 교육을 하면서 활용한 방법이니, 잘 참고해서 아이와 정하면 좋겠다.

- **유아기:** 칭찬 도장이나 스티커, 안아주기, 좋아하는 동화책 읽어주기

  (예) "장난감 정리하면 칭찬 스티커 줄게."

- **초등 저학년~중학년:** 간단한 간식, 함께하는 놀이 시간

  (예) "이번 주에 매일매일 숙제 잘하면 주말에 네가 원하는 곳에 놀러 가자."

- **초등 고학년:** 용돈, 자유 시간, 좋아하는 활동 기회

  (예) "이번 단원 평가에서 네가 세운 목표를 달성하면 게임 시간을 더 줄게."

- **청소년기:** 자기 주도적 활동 시간, 특별한 경험 제공

  (예) "시험공부하느라 정말 애썼어. 이번 주말에는 하루 종일 게임하렴."

과정과 결과의 확실한 분리

요즘은 학교마다 다르지만, 우리 집 아이들이 어렸을 때는 초등 고학년 때부터 시험을 봤다. 시험은 분명한 장단점이 있다. 아이가 어릴 때부터 학업 스트레스를 줄 필요는 없지만, 시험이라는 제도로 인해 아이가 열심히 공부하게 되는 것은 부인할 수 없는 사실이다. 수와 현도 시험을 앞두고는 교과서를 꼼꼼히 보고 다양한 문제집을 풀면서 열심히 공부했다.

지금으로부터 2년 전, 고등학교에 입학한 둘째 현은 중학교 때보다 성적에 부담을 크게 느꼈다. 고등학교부터는 학교에서 보는 시

험 점수가 바로 대학 입시와 연결되기 때문에 시험 기간에 정말 최선을 다해 공부했다. 기말고사의 마지막 날을 앞둔 날, 여느 때와 마찬가지로 현은 거실에서 공부하고 남편은 옆에서 책을 보고 있었다.

| **현** | 아빠, 이번 시험은 너무 빨리 지나갔어. 기말고사는 범위가 넓어서 그런 것 같아. 아, 내일이 빨리 오면 좋겠다. 시험이 끝나면 하루 종일 게임만 할 거야.

| **아빠** | 그래, 진짜 좋겠다. 시험 준비를 열심히 한 만큼 즐길 권리가 있어.

| **현** | 근데, 시험을 잘 봐야 더 행복하겠지?

| **아빠** | 아무래도 그렇겠지? 근데 현아, 성적은 너의 몫이 아니야. 시험이 끝나면 성적이 좋은 사람이 행복한 게 아니라, 최선을 다해 시험을 준비한 사람이 행복한 거야. 시험을 보다 보면 실수할 수도 있고 찍어서 맞을 수도 있어. 성적이 어떻게 나오는지는 누구도 모르는 거야. 시험 과정에서 최선을 다해 만족할 수 있다면, 그 결과에 대해서는 너무 속상해하지 않아도 돼.

| **현** | 맞아, 제일 바보 같은 게 시험 못 본 걸 후회하는 거래. 우리 담임 선생님도 그러셨어.

어떤 시험이든 끝나면 성적이 나온다. 어떤 아이들은 결과에 만족하고, 또 다른 아이들은 속상해한다. 상대적인 시험 성적으로 개인의 학업 역량과 성실성을 평가하는 우리나라 교육 제도에서는 학생들이 성적 스트레스를 많이 받을 수밖에 없다. 우리 부부는 늘 아이들이 이 과정을 너무 힘들게 지나가지 않았으면 하는 바람이었다.

그래서 기회가 될 때마다 아이들에게 이렇게 말했다.

"성적은 너의 몫이 아니야. 네가 할 수 있는 범위 내에서 최선을 다하면 그것으로 충분해."

시험을 보고 온 아이에게 부모가 가장 흔히 하는 말은 "시험 어땠어? 잘 봤어?"다. 하지만 부모는 이렇게 물어볼 필요가 없다. 부모가 묻기도 전에 아이는 표정으로 다 말해준다. 시험을 잘 봤다면 먼저 웃으면서 이야기를 해줄 것이고, 못 봤다면 힘든 표정을 지은 채 아무런 이야기도 하지 않을 것이다.

첫째 수가 중학교 때의 일이다. 중간고사 수학 시험에서 연산 실수를 했다. 집에 온 수는 속상한 마음을 한가득 내보이며 시험 결과에 대해 말했다. 우리 부부도 열심히 공부한 수가 너무 쉬운 문제를 틀려서 안타까운 마음에 한참 동안 그 이야기를 했다. 그러고 나서 얼마나 시간이 지났을까. 문득 이런 생각이 들었다.

'실수 이야기가 아들의 애씀을 가려버렸구나.'

사소한 실수로 그동안의 노력이 빛을 보지 못하게 되었을 때 가장 속상한 사람은 누구일까? 바로 실수를 한 아이일 것이다. 그런데 부모는 그 실수에 대해 반복해서 말한다. 다음부터는 실수하지 않았으면 하는 마음에서 조언하는 것이지만, 그보다 더 중요한 것은 아이가 기울였던 그동안의 애씀을 알아주는 것이다. 이럴 때 거실 교육이 진가를 발휘한다. 거실 교육을 함으로써 부모가 공부하는 아이를 가까이에서 본다면 그 마음을 훨씬 잘 이해할 수 있다. 부모는 시험 기간 내내 거실에서 충실하게 최선을 다해 공부한 아이의 애씀을 누구보다 잘 알고 있기 때문이다.

문제가 어려워서, 공부한 내용이 나오지 않아서, 실수를 많이 해서, 확실하지 않은 문제를 모두 틀려서 등등 기대나 예상과는 달리 노력한 만큼 점수가 나오지 않을 수 있다. 설사 부모의 기대에 점수가 못 미치더라도 아이가 시험 기간에 얼마나 노력했는지, 그 수고만큼은 확실히 알아줘야 한다. 자기 자신 외에 온전히 노력을 인정해줄 수 있는 유일한 사람이 바로 부모다. 그러면 아이는 보람을 느끼고, 보람을 느끼면 행복하고, 행복한 기운은 그다음 공부를 시작할 동력이 될 것이다. 그러니 지금부터는 시험을 보고 집에 돌아온 아이에게 이렇게 말하면 좋겠다.

"정말 애썼다."

"고생 많았어. 시험 끝났으니 마음 편히 쉬자!"

거실 공부의 효과를 극대화시키는 팁

거실 공부의 좋은 점

수와 현은 10년 이상을 거실에서 공부했다. 학교와 학원에 가는 시간을 제외하고는 거의 모든 시간을 집에서 공부했다. '순공 시간'이라는 말이 있다. 순수한 공부 시간, 즉 쉬거나 밥을 먹는 등의 시간을 제외하고 오롯이 책상에 앉아서 공부한 시간을 의미한다. 순공 시간만 생각하면 집에서 공부하는 게 가장 가성비가 좋다. 경제적인 측면과 신체적·정신적 피로까지 생각해보면 더욱 그렇다.

우리 집에서 10년 이상을 이어온 거실 교육의 꽃, 거실 공부의 좋은 점을 정리하면 다음과 같다.

- 버리는 시간이 없다. (학원을 오고 가는 시간, 차 안에서 허비하는 시간 등)
- 소파나 침대에 누워서 확실하게 쉴 수 있다.
- 제대로 공부하는지 걱정할 필요가 없다. 누군가가 옆에 있으면 더 성실하게 공부하려는 경향이 생기고, 스마트폰을 보거나 딴짓하는 등의 시간도 줄일 수 있다.
- 제때 식사와 간식을 잘 챙겨 먹을 수 있다.
- 아이가 초등학생이면 부모가 공부를 가르쳐줄 수 있다.
- 돈이 거의 들지 않아서 경제적이다. (스터디 카페나 독서실 이용료 등)
- 부모가 실질적인 도움을 줄 수 있다. (문제집 채점, 자료 출력, 응원 등)
- 편안한 복장으로 공부할 수 있다.
- 아이가 밤늦게 귀가하는 걱정과 부모가 데리러 가야 하는 수고를 줄일 수 있다.
- 부모와 아이 사이에 자연스러운 친밀 관계가 형성된다.
- 공부하는 모습을 보고 있으면 안쓰러워서 아이에게 조금 더 신경을 쓰게 된다.

특히 외로움을 잘 느끼는 아이, 지나치게 조용한 환경에서는 집중을 잘 못 하는 아이, 가족과 함께 공부하며 긍정적인 자극을 받고 싶은 아이에게는 분명히 거실 공부가 도움이 될 것이다.

아이를 가르칠 때 바람직한 부모의 자세

부모가 아이에게 공부를 가르친다면 화내지 않는 것이 가장 중요하다. 가능한 한 친근하고 강압적이지 않은 말투로 대화하며 지도해야 한다. 아이를 가르치는 부모에게는 꾸준한 자기 성찰과 연습이 필요한데, 이는 장기적으로 아이와 긍정적인 관계를 형성하는 데도 큰 도움이 된다.

아빠의 이야기

둘째 현이 중학교 1학년 때 한자를 너무 어려워해서 내가 가르친 적이 있다. 처음에 몇 가지 기본 한자를 물어보면서 아이의 실력을 파악했는데 진짜 백지상태였다. 아이의 실력을 파악하고 나니 한자를 잘 모른다고 해도 화가 나지는 않았다. 교과서에 나오는 한자를 하나하나 알려주면서 암기를 시켰다. 나는 아이의 실력을 알았기 때문에 웃으면서 끝까지 가르칠 수 있었고, 그래서인지 아이도 시험에서 우수한 성적을 받았다.

그때의 기억이 좋았는지 이후에도 현은 나에게 자주 질문했다. 그러던 어느 날, 현이 '친환경 건축'에 관해서 물어봤다. 나는 대강의 개념과 내용을 인터넷으로 공부한 다음에 현에게 설명해줬다. 그런데 이전과는 다르게 아주 답답했다. 한자는 웃으면서 가르쳐줬었는데, 이번에는 화를 참으면서 설명했다. 도대체 왜 그런 것일까? 이유를 가만히 생각해보니 내가 아들의 실력을 모르기 때문이었다. 한자는 백지상태인 아들의 실력을 알고 있어서 아무런 기대가 없었기에 웃으면서 가르쳐줄 수 있었는데, 친환경 건축은 아들이 어느 정도 이해하고 있는지 아예 모른 채 무조건 가르치다 보니 답답했던 것이다.

흔히 자식 공부는 부모가 못 가르친다는 말이 있다. 그건 아마도 부모의 마음속에 자식에 대한 기대와 욕심이 들어차 있기 때문일 것이다. 아이가 어릴 때는 공부의 수준이 낮아 쉽게 가르쳐줄 수 있었는데, 시간이 흘러 고학년이 될수록 아이의 공부를 부모가 봐주기 어려워진다. 예전에는 아이들이 어려운 문제를 물어보면 모르는 건 내가 다시 공부해서 설명해주곤 했다. 그런데 아이들이 둘 다 고등학교에 들어가면서부터는 더는 물어보지 않는다. 아이들이 부모의 실력을 더 잘 알기 때문이다.

둘째 현은 고등학생이 된 이후로 어려운 수학 문제나 과학 문제는 형에게 물어본다. 그때마다 수는 화를 내거나 인상 쓰는 일 없이 친절하게 가르쳐준다. 그러면 현은 편하게 듣고 있다가 "아, 알겠다"라고 한다. 가끔은 동생의 공부를 봐주는 게 귀찮을 만도 한데 어쩌면 그렇게 한결같은지 수에게 물어본 적이 있다.

"동생이 뭘 물어봐서 가르쳐줄 때 답답하거나 화나지 않아?"

"아니, 전혀! (조금 생각하더니) 몰입하지 않으면 화가 나지 않아. 엄마랑 아빠는 과몰입해서 그래. 뭔가를 가르쳐주고 그 내용을 꼭

첫째 수가 둘째 현에게 공부를 가르쳐주는 모습.

알게 해야만 한다는 책임감에 엄마와 아빠는 답답해하고 화를 내는 것 같아. 아무 생각 없이 그 문제만 가르쳐주면 그만인걸."

아들이 또 한 번 우리 부부의 스승이 되는 순간이었다. 어떤 강사의 말이 떠오른다.

"그저 가르쳐줄 뿐, 알고 모르냐는 나의 몫이 아니다."

다음은 부모의 정신 건강 및 아이와의 원만한 관계 유지를 위해 아이와 함께 공부할 때 답답해하거나 화내지 않는 바람직한 부모의 자세를 정리한 내용이다.

1 아이의 수준을 파악한다

처음 학원에 가면 레벨 테스트를 하듯이 집에서도 부모가 아이를 가르친다면 그 전에 아이가 어느 정도 이해하는지를 확인하는 게 우선이다. 수학이라면 연습 문제를 어떻게 푸는지 살펴보면 된다. 부모가 아이의 현재 수준을 정확히 알고 나면 모른다고 화낼 일이 거의 없어진다.

2 가르쳐줄 때 아이의 눈을 보고 설명한다

부모가 화를 내고 있지 않아도 아이의 눈빛이 왠지 모르게 슬프다면 반드시 반성해야 한다. 목소리만 커지지 않았을 뿐 표정이나 말투로 화냈을 것이 뻔하기 때문이다. 아이의 슬픈 눈을 마주하고도 계속 화를 내고 있다면 차라리 가르치지 말자. 아이와 사이만 나빠지고 실력 향상에는 전혀 도움이 되지 않는다. 서로 감정 낭비, 시간 낭비일 뿐이다.

3 긍정적인 언어를 사용한다

아이를 가르칠 때는 부정적인 언어 대신 긍정적인 언어를 사용한다. 이를테면 "하지 마" 대신에 "이렇게 해보자"라고 말하는 것이다. 그리고 칭찬을 많이 해준다. 칭찬은 고래도 춤추게 한다는 말이 있다. 칭찬과 격려를 통해 충분한 동기를 부여한다.

4 실수는 학습의 기회로 삼는다

아이가 혹시 실수한다면 비난하지 말고 실수를 통해 무엇을 배우고 어떻게 개선할 수 있을지 이야기를 나눈다. “이번에는 이렇게 됐지만, 다음에는 이렇게 해보자”라고 말해주는 것이다.

5 부모의 감정을 먼저 다스린다

아이가 원하는 대로 행동하지 않을 때는 잠시 심호흡을 하면서 마음을 진정시킨다. 아이는 아직 경험이 적고 배우는 과정 중에 있다는 점을 기억한다.

설명하기 공부법

둘째 현은 고등학교 1학년 때 특히 한국사를 어려워했다. 중학교 때보다 훨씬 내용이 깊이 있고 시험 범위가 넓어졌기 때문이었다. 나는 역사를 잘 알지 못했기에 현을 가르칠 수가 없었다. 어떻게 할지 고민하다가 방법 하나를 생각해냈다. 현이 공부한 내용을 정리할 때 나에게 설명해보라고 한 것이다. 나는 가끔 추임새를 넣고 잘 이해되지 않으면 되묻는 정도의 자세로 현의 설명을 들었다. 그런데 한참 설명하던 현이 갑자기 “내가 엄마를 가르치는 것 같아”라고 말했다. 정말 그랬다. 나는 현이 설명하는 내용을 듣고 있는 학생이었다. 그 후로 나는 현이 나에게 무엇이든 가르쳐줄 때마다 “그런 거였구

나. 잘 알겠어. 아, 그렇구나!"라고 말한다.

현은 공부할 때 가끔 우리 부부에게 설명함으로써 자기가 아는 것과 모르는 것을 정확히 구별해나갔다. 잘 살펴보면 칠판이든 공책이든 혼자 설명하면서 공부하는 아이들이 있다. 아주 좋은 방법이다. 하지만 반대로 혼자 설명하는 것이 어색하거나 힘든 아이들도 있다. 만약 부모가 옆에서 진심으로 들어주고 추임새도 넣어주면서 응원한다면, 전자의 아이는 더 신나게 설명할 것이고, 후자의 아이는 힘들지만 설명할 용기를 낼 것이다.

사실 중학교 이상부터는 아이의 공부를 부모가 가르치기란 쉽지 않다. 하지만 아이의 설명을 듣는 학생의 역할은 그리 어렵지 않게 할 수 있다. '아이의 설명을 부모가 열심히 듣는 것이 과연 아이에게 공부가 될까?'라고 궁금했었는데, 알고 보니 이것은 '설명하기 공부법'이라고 불리는, 많은 교육 전문가들이 극찬한 아주 훌륭한 방법이었다.

효율적인 학습법을 잘 보여주는 도식으로 '학습 피라미드**Learning Pyramid**'가 있다. 미국의 응용행동과학연구소가 1960년대 발표한 학습 피라미드는 외부 정보가 인간의 뇌에 저장되는 방법을 기준으로 가장 효과적인 학습 방법을 정리한 것이다. 학습 피라미드에 따르면, 서로 설명하기(90%)의 학습 효과가 가장 뛰어나다. 이어서 실제 해보기(75%), 집단 토의(50%), 시범 강의 보기(30%), 시청각 수업 듣기(20%), 읽기(10%), 강의 듣기(5%) 순이다. 다른 사람을 직접 가르치는 능동적인 학습법이 강의를 반복적으로 듣기만 하는 수동적

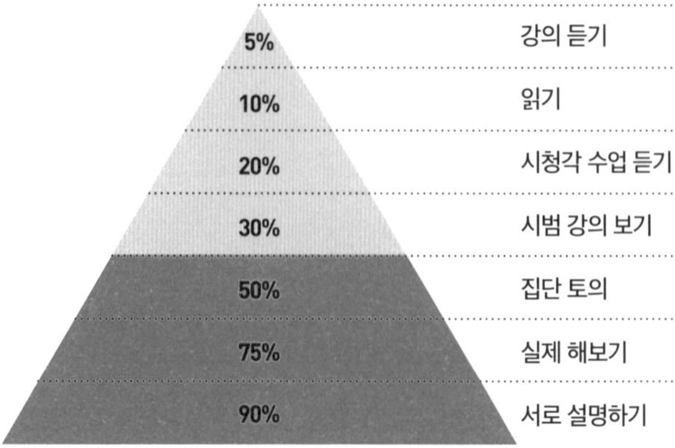

비율	학습 방법
5%	강의 듣기
10%	읽기
20%	시청각 수업 듣기
30%	시범 강의 보기
50%	집단 토의
75%	실제 해보기
90%	서로 설명하기

학습 피라미드. 여러 가지 학습 방법 중에서 '서로 설명하기'의 학습 효과가 가장 뛰어나다는 사실을 확인할 수 있다.

인 학습법보다 공부 내용이 더 오랫동안 기억에 남는다는 데는 이견이 없는 셈이다.

우리 부부가 거실 교육을 하면서 아이들에게 직접 시도해본 설명하기 공부법의 구체적인 방법은 다음과 같다.

1　공부한 내용을 자신에게 설명한다

가장 먼저 자신에게 공부한 내용을 설명해본다.

2　공부한 내용을 다른 사람에게 설명한다

가족이나 친구 등 특정 대상을 정해서 공부한 내용을 설명해본다. 이때 상대방의 질문은 자신이 놓친 부분이나 더 알아야 할 부분을 찾는 데 큰 도움이 된다.

3 피드백을 활용한다

다른 사람에게 설명하는 과정에서 자신이 이해하지 못한 부분을 발견하면 다시 학습하고, 설명을 들은 사람에게 피드백을 요청해서 부족한 점을 보완한다.

4 예시 및 시각 자료를 활용하고 설명을 반복한다

구체적인 예시를 들면 내용을 더 명확히 전달할 수 있고, 시각 자료(그림, 표, 다이어그램 등)를 활용하면 설명을 더 효과적으로 할 수 있다. 그리고 한 번 설명한 내용을 반복해서 설명하면 장기 기억에 도움이 된다.

공부에 도움이 되는 백색 소음

"거실에서 아이들이 공부할 때 살금살금 조용하게 움직이나요?"

"형이 공부할 때 동생은 떠들지 않게 하나요?"

"거실에서 아이가 공부할 때 부엌에서 설거지라도 하면 아이가 잘 집중할 수 있을까요?"

"아이들이 거실에 있으면 집안일을 멈춰야 할까요?"

집에서 거실 교육을 한다고 이야기하면 단골손님처럼 늘 등장하는 질문이다. 아이가 커갈수록 공부 시간은 늘어날 테고, 그러다 보면 모든 가족이 모여 있는 거실이라는 열린 공간이 혹시 공부에 방해가 되지는 않는지, 청소나 설거지 등 집안일을 하는 데 불편함은 없는지 의문이 생기는 듯했다. 그래서 아이들에게 허심탄회하게 물어봤다.

| 엄마 | 거실에서 공부하면 집중력이 떨어지지는 않아?

| 현 | 딱히 그렇지는 않아.

| 수 | 나는 비슷해. 오히려 방에서 공부하면 딴짓을 할 때가 더 많아.

한번은 이런 일도 있었다. 남편이 공부하는 아이 옆에서 컴퓨터를 사용하던 날이었다.

| 현 | 아빠, 이제 좀 쉬다가 할게요.

| 아빠 | 그래, 그러자. 그런데 혹시 컴퓨터 돌아가는 소리가 신경 쓰이지 않아?

| 현 | 잘 모르겠는데? 지금 들으니까 들리긴 하네.

| 아빠 | 그래? 공부할 때는 잘 안 들렸나 봐.

| 현 | 아빠, 이게 백색 소음이잖아.

| 아빠 | 그래, 그러네. 카페에서 들리는 백색 소음이네.

거실 교육을 하는 우리 가족이지만, 가끔은 다 같이 카페에 가서 책을 읽거나 공부한다. 웬만하면 조용한 곳을 찾아가려고 하지만 그곳에도 이야기하는 사람, 지나가는 사람, 전화하는 사람, 음식 먹

는 소리를 크게 내는 사람 등 소음이 있기 마련이다. 하지만 책을 읽거나 공부하는 동안 그런 소음은 별로 방해가 되지 않는다. 오히려 지루하지 않게 해주는 듯하다.

이제는 먼 과거의 일이지만 나는 학창 시절에 독서실에서 공부했다. 오히려 고요할 정도로 조용하면 조금만 옆에서 움직이거나 들락날락해도 괜히 더 쳐다보게 된다. 이어폰 밖으로 새어 나오는 음악 소리까지 들렸고 사탕, 초콜릿 등 작은 간식을 오물거리며 먹는 것조차도 신경이 쓰였다.

우리 집 거실은 독서실보다는 카페에 훨씬 가깝다. 나는 빨래를 정리하고, 책을 읽고, 메모하고, 부엌에서 음식을 한다. 남편은 책을 읽고, 노트북으로 글을 쓰고, 안마의자에서 낮잠을 잔다. 아이들은 각자 할 일을 하는 엄마 아빠 옆에서 공부한다. 그리고 쉴 때는 컴퓨터 게임을 하거나 소파에서 유튜브를 본다. 우리 부부가 걱정했던 소음은 아이들이 공부할 때 딱히 방해되지 않는다. 거실 교육을 하는 데 있어서 약간의 소음은 그저 가족이 함께 있음을 느끼는 일상의 일부일 뿐이다.

Chapter 4

독서하는 거실

거실은, 책이다

남편이 레지던트 2년 차일 때 첫째 수가 태어났다. 당시 남편은 병원에서 당직 근무를 하느라 집에는 가끔 들어왔기 때문에 육아는 전적으로 내 몫이었다. 출산하면서 다니던 직장을 그만둔 데다, 친정과 시댁 모두 제주에 있었기에 딱히 만날 사람도 없었다.

온종일 수와 단둘이 집에만 있게 된 나는 조금씩 우울해지고 지쳐갔다. 내가 조금 더 외향적이거나 에너지가 많았다면 혼자서라도 아이를 데리고 여기저기 외출을 자주 했을 텐데, 쉽사리 그러지 못했다. 그때 내가 아이에게 해줄 수 있는 일은 책을 읽어주는 것이었다. 좁은 집에서 나와 단둘이만 있는 수에게 괜히 미안한 마음이 들어서 나는 열심히 책을 읽어주겠노라고 다짐했다. 매일 아침 일어나면 책장에서 책 20권을 꺼내 방바닥에 펼쳐놓고 하루 종일 그 책을 하나씩 차근차근 정말 열심히 읽어줬다. 그렇게 1년, 2년이 지나고 나니, 수는 책을 아주 좋아하는 아이가 되어 있었다. 이러한 나의 경험을 육아로 고민하는 지인에게 이야기해줬더니 한숨을 쉬며 혼잣말하듯 물었다.

"직장맘들은 아이에게 책을 읽어줄 시간이 거의 없는데, 우리 아이가 책을 좋아하는 아이로 자라길 바라는 건 제 욕심이겠죠?"

나는 내가 하루 종일 책을 읽어줬기 때문에 수가 책을 좋아하게 되었다고 생각하진 않는다. 양보다는 질이 중요하기 때문이다. 바쁜 직장맘이라도 하루에 1시간, 아니 30분이라도 최선을 다해서 아이에게 즐겁게 책을 읽어준다면 아이는 분명 책에 대한 긍정적인 마음을 갖게 될 것이다. 부모의 꾸준한 노력과 관심이 아이의 독서 습관을 만들 수 있다고 확신한다.

2년 전 〈SBS 스페셜 : 체인지 2부 공부방 없애기 프로젝트〉에 우리 집에서 하는 거실 교육의 모습이 나왔다. 촬영을 마치면서 PD님은 우리 가족 모두에게 같은 질문을 던졌다.

"나에게 거실이란?"

첫째 수가 "거실은, 책이다"라고 대답했다. 어릴 때부터 거실에서 책을 가장 많이 읽었기 때문에 거실이라고 하면 책이 가장 먼저 떠오른다고 이유를 설명했다. 수가 초등학교 때 친구들이 우리 집에 많이 놀러 왔는데, 수는 친구들과 한참 잘 놀다가도 갑자기 거실 소파에 앉아서 책을 읽곤 했다. 처음에 친구들은 그 모습을 낯설어했지만, 시간이 지나자 친구들도 다 같이 소파에 앉아서 책을 읽었다. 거실에 책이 많다 보니 아이들의 친구들도 놀다가 자연스럽게 책을 읽는 일이 늘어났다. 책을 좋아하는 수 덕분에 현도 우리 부부도 거실에 머물면서 함께 책을 읽었다.

아이가 어릴 때 거실을 서재로 만들면 쉽게 책을 접하게 할 수 있다. 물론 어린아이에게 거실은 놀이 공간에 더 가깝지만, 거실에 책을 두면 아이가 놀다가 자연스럽게 책을 갖고 온다. 책장에 꽂혀 있는 책은 아이 눈에 잘 띄기가 어려우므로 아이에게 잘 보이는 곳에 책을 두면 좋다. 바닥, 책상 위, 식탁 위 등 아이의 시선이 닿는 모든 곳에 책을 전략적으로 놓아보자.

아이가 혼자서 책을 읽을 수 있는 나이가 되면 부모가 먼저 거실에서 책을 읽으면 된다. "같이 읽자"라고 굳이 말할 필요도 없다. 조용히 읽고 있으면 어느새 아이도 부모 옆에서 책을 읽고 있을 것이다.

아이의 연령별 거실 독서의 모습

유아기

TIP 부모가 읽어준다.

한글을 깨치기 전인 유아기 아이는 혼자 책을 읽기 힘들다. 따라서 부모가 시간이 날 때마다 재미있게 읽어줘야 한다. 읽어주는 시간이 적다고 너무 걱정할 필요가 없다. 단 1권을 읽어주더라도 최선을 다하는 게 중요하다. 특히 잠자리에 드는 아이 옆에서 책을 읽어주면 정서 안정에도 도움이 된다.

이 시기에 우리 부부는 수와 현에게 많은 책을 읽어주려고 노력했다. 손으로 만지면서 느껴보는 촉감 놀이책과 소리가 나는 책으로 시작해서 창작 동화, 전래 동화, 자연 관찰 동화 등까지 한글을 떼기 전에 많은 책을 읽어줬다. 물론 아이들이 한글을 떼고 나서부터는 스스로 책을 보기도 했지만, 엄마나 아빠가 읽어주는 것을 더 좋아했기에 계속 그렇게 했다. 문득 저녁 때 거실을 보면 책이 널브러져 있어 신경이 쓰이기는 했지만, 청소보다는 아이와 함께 시간을 보내는 일이 더 중요하다고 믿었다. 하루의 끝, 아이가 잠자리에 들려고 할 때는 원하는 책을 골라오게 한 다음에 몇 권을 읽을 것인지 미리 약속하고 나서 마지막까지 힘을 내어 읽어줬다. 아이가 잠이 든 다음에 했던 책 정리는 우리 부부의 즐거운 일과 중 하나였다.

유치원~초등 저학년

TIP 부모가 먼저 읽으면 아이는 따라서 읽는다.

아이가 한글을 읽고 쓰는 능력이 발달하면서 스스로 읽기에 대한 흥미가 커진다. 이 시기의 독서는 놀이의 연장선으로 아이는 재미와 흥미를 느끼는 책을 좋아한다. 또 그림을 통해 직관적으로 내용을 이해하는 그림책에서 글 중심의 책으로 점차 전환된다. 이 시기에도 부모가 책을 읽어주는 시간은 여전히 중요한데, 부모가 책을 읽으면 따라서 읽거나 읽어달라고 하기 때문이다.

아이들이 이 시기일 때 우리 집은 남편이 많은 논문을 봐야 했기에 남편은 시간이 날 때마다 거실 책상에 앉아 논문을 읽었다. 그러면 아이들은 아빠 옆에 다가가서 주변을 얼쩡거리며 이런저런 놀이를 시도해보다가 이내 자기들도 읽고 싶은 책을 갖고 와서 아빠 옆에 앉아서 읽었다.

유치원~초등 저학년 아이는 부모님의 영향을 많이 받고 또 따라 하기를 좋아한다. 그래서 우리 부부는 의식적으로 거실에서 책 읽는 모습을 아이들에게 많이 보여주려고 했다. 더불어 아이들에게 창작 동화, 생활 동화, 수학 동화, 과학 동화, 위인전까지 최대한 다양한 분야의 책을 노출시키기 위해 노력했다. 이때부터는 도서 대여 사이트를 이용해서 전집을 1개월씩 빌려서 봤다. 책을 구입하는 것보다 비용 절감 측면에서도 도움이 되었고, 또 1개월마다 새로운 책을 볼 수 있어서 아이들도 좋아했다.

초등 저학년~고학년

TIP 혼자서도 잘하므로 지켜봐주고 도움이 필요할 때 도와준다.

초등 저학년에서 고학년으로 갈수록 아이의 독서 능력과 흥미의 변화가 뚜렷하게 나타난다. 이 시기의 아이는 읽기를 기반으로 사고력을 확장하고 문해력을 발달시켜 독립적인 독서를 즐기기 시작한다. 초등 저학년까지는 그림이 많거나 만화로 구성된 책을 보다가, 점점 문장이 길어지고 내용이 복잡해지는 스토리 중심의 책으로 넘어가게 된다. 또 스스로 책을 선택하여 읽는 습관이 확립되는 시기로, 자기가 관심 있는 주제(역사, 과학, 환경, 판타지 등)의 책을 골라 읽는 독서 성향이 생긴다.

이 시기의 아이는 아직 시간적 여유가 많고 문해력이 점점 발달 중이기 때문에 우리 부부는 아이들이 다양한 책을 접할 수 있도록 특히 환경 조성에 신경을 썼다. 일주일 중 꼭 하루는 서점에 가서 아이들이 읽고 싶어 하는 책을 사줬다. 서점에 가면 아이들이 책 고르는 즐거움을 알게 되기는 하지만, 자기가 좋아하는 분야의 책만 산다는 단점이 있다. 그래서 나는 이 나이대 아이가 꼭 읽었으면 하는 추천 도서들을 따로 도서관에서 빌려와 거실 책상 위에 올려놓았다. 그러면 아이들이 어느새 관심을 보이며 하나둘씩 읽기 시작했다. 또 이때까지 도서 대여 사이트를 계속 이용하며 다양한 전집을 빌려서 보여줬다. 거실 중앙에는 여전히 카펫과 소파를 두어서 언제나 편하게 책을 읽을 수 있는 환경을 만들어줬고, 숙제 등 공부는 부엌 식탁에서 하도록 했다. 돌이켜 생각해보면 우리 집 아이들은 이 시기에 가장 많은 독서를 했다.

초등 고학년~중학교

TIP 보상(게임, 용돈 등)의 힘으로 책을 읽는다.

독서 습관이 잡히고 사고력이 본격적으로 확장되는 중요한 시기로, 독립적이고 비판적인 사고를 키우며 자신의 정체성과 세계관을 형성하는 데 독서가 큰 영향을 미치는 때이기도 하다.

초등 고학년은 다양한 주제에 관심을 가지면서 탐구하려는 욕구가 생기는 시기로, 모험이나 판타지 등 흥미를 자극하는 문학 작품을 선호하고 동시에 역사, 과학, 인문학 등 지식을 넓혀주는 책에도 관심을 보인다. 중학교부터는 주제와 내용이 더 복잡하고 깊이 있는 책을 선호하며 성장 과정에서 겪는 정체성 혼란과 감정의 변화를 독서를 통해 공감하고 이해한다.

이 시기의 아이는 사춘기를 지나는 중이기도 하고, 또 친구나 이성, 취미 생활 등 관심사가 너무 많아져서 자칫하면 독서에 흥미를 잃어버릴 수 있다. 그래서 보상의 힘을 빌리면 효과적이다. 특히 남자아이는 이 시기부터 본격적으로 집에서 게임을 하기 시작한다. 수와 현도 워낙 게임을 좋아했기 때문에 우리 집에서는 게임 시간을 보상으로 두고 활발한 독서의 흐름을 계속 이어갔다. 게다가 우리 부부는 '게임은 아이들의 권리'라고 인정했기 때문에 어차피 할 것이라면 책 읽기를 끼워 넣어 거실에서 게임과 책 읽기를 같이 즐길 수 있도록 신경을 썼다. 게임을 독서의 보상으로 활용한다고 해서 괜히 색안경을 쓰고 볼 필요는 없다. 책은 책이고, 게임은 게임일 뿐이다.

중학교~고등학교

TIP 친구들과 함께 책을 읽는다.

지적·정서적·사회적 발달이 급격히 이뤄지는 시기로, 독서가 아이의 정체성과 사고력을 확립하고 학업을 진행하며 진로를 준비하는 데 큰 도움을 준다. 중학교 시기의 독서는 성장 소설, 청소년 문학 등 감정과 관계를 다룬 이야기에 공감하며 지식 탐구와 학습을 겸하는 방향으로 확장된다. 이어 고등학교 시기의 독서는 학업에 도움을 받고 진로 준비를 위해 전공과 관련된 전문서나 논픽션을 찾아보기 시작하며 대학 입시나 논술 준비에 필요한 추천 도서와 교양서를 읽기도 한다.

수와 현 둘 다 중학교 때까지는 주 1회 독서 수업을 따로 받았다. 같은 책을 읽고 4명이 함께 토론하는 수업이었다. 이 수업을 통해서 아이들은 다양한 분야의 책을 접할 수 있었을 뿐만 아니라, 자칫 공부로 인해 소홀해질 수 있는 독서 습관을 유지할 수 있었다. 당시 주말마다 우리 집 거실은 독서와 함께 보상이었던 게임으로 생기가 돌았다.

사실 고등학교 시기에는 학교 시험공부, 수행 평가, 수능 준비 등 해야 할 일이 너무 많아서 책을 읽는 데 따로 시간을 내기가 정말 힘들다. 또 수행 평가나 개인 연구 과제 등을 하기 위해 관심 있는 주제의 도서나 논문, 기사 등을 보는 것으로 거의 모든 독서가 이뤄진다. 이 시기에도 우리 집은 거실에서 독서를 했기 때문에 아이들이 각각 어느 분야에 관심을 보이는지를 알 수 있어서 좋을 때가 많았다. 우리 부부는 아이들의 독서 취향을 존중하는 동시에 응원과 격려를 많이 해주려고 노력했다.

거실 독서를 완성하는 습관과 자세

새로운 습관을 만드는 매직 넘버, 21과 66

인간의 습관 형성과 행동 변화에 관한 연구 결과로 '21일의 법칙'과 '66일의 법칙'이 있다. 우선 '21일의 법칙'은 특정 습관을 바꾸려면 최소 21일이 필요하다는 것이다. 미국의 정형외과 전문의 맥스웰 몰츠Maxwell Maltz는 환자가 수술하고 회복하는 과정을 지켜보면서 사고 이후 이전과는 달라진 몸으로 현실에 적응하는 데는 약 21일이 필요하다는 사실을 발견했다. 그는 자신의 저서인《맥스웰 몰츠 성공의 법칙》을 통해 21일이 지나면 특정 습관이 별도의 의지와 노력 없이 자동으로 일어나는 수준에 도달할 수 있다고 이야기한다. 하지만 여기서 유념할 사항이 있다. 21일이 지나면 우리의 뇌가 설득된 상태이기는 하지만, 뇌가 그것을 익숙하게 여겼다고 해도 습관으로 완전히 자리 잡지는 못한다는 것이다.

최소 21일에 걸쳐 뇌가 어느 정도 설득된 특정 행동이 습관으로 완전히 자리 잡는 데는 66일이 걸리는데, 이것이 바로 영국 런던대 심리학과 교수 필리파 랠리Phillippa Lally 연구팀이 발표한 '66일의 법칙'이다. 66일 동안 특정 행동을 반복하면 그 행동은 새로운 습관이 된다. 여기서 66일은 이론적으로 인간의 뇌가 습관을 형성하는 데 필요한 최소한의 기간이며, 이 시간이 지나면 습관은 별도의 인지적인 노력 없이도 자동으로 작동하게 된다.

우리 부부는 이러한 법칙을 십분 활용해 과학적으로 아이들의 독서 습관을 잡아줬다. 본격적으로 거실 교육을 하기 전, 우리 집도 다른 집과 다르지 않았다. 아빠가 TV를 보고 있으면 아이들은 자연스럽게 아빠 옆에서 TV를 봤다. 서로 리모컨을 차지하겠다고 다투면서 말이다.

아이가 어릴수록 더욱더 부모의 행동을 보고 따라 한다. 부모가 하는 것은 모두 다 재미있어 보이고, 그렇기에 무엇이든지 따라 하고 싶어 한다. 만약 아이에게 TV 리모컨 쟁탈전에서 이기는 법이 아니라 책 읽는 습관을 물려주고 싶다면 겨울 방학 2개월 동안만 꾹 참고 아이와 함께 책 읽기에 도전해보자(물론 여름 방학도 있지만, 요즘 여름 방학은 너무 짧다). 이때 주의할 점은 의외로 하나밖에 없다. 아이

보다 부모가 더 힘들다는 것이다. 그래도 66일 동안 꾸준히 책을 읽는다면 아이와 부모에게 새로운 독서 습관이 형성됨은 물론이고, 더 나아가 아이의 마음까지도 조금 더 잘 이해할 수 있게 될 것이다.

바른 자세는 믿음에서 시작된다

부모가 아이에게 자주 하는 잔소리 중 하나가 똑바로 바르게 앉으라는 말이다. 척추가 비뚤어지거나 거북목처럼 변형된 체형이 될까 하는 우려에서 어릴 때부터 바른 자세로 앉는 습관을 들여야 한다고 이야기하는 것이다. 하지만 애석하게도 어린아이는 바른 자세로 가만히 앉아 있는 것 자체를 굉장히 힘들어한다. 아이는 소파에 앉아서 책을 보기도 하고, 바닥에 엎드려서 그림을 그리기도 한다. 한마디로 자세에 관해선 제멋대로다.

그러다 아이가 초등학교에 들어가면 바른 자세에 대해 배운다. 의자에 앉을 때는 의자 끝까지 엉덩이를 넣고 등을 등받이에 붙인 후 허리를 곧게 펴야 한다는 내용이다. 물론 굉장히 중요한 이야기지만, 여기서 꼭 하나 짚고 넘어가야 할 것이 있다. 어릴 때부터 아이가 하려는 활동보다 그 활동을 하기 위해서 취하는 자세를 자꾸 먼저 지적하면 아이가 뭘 하려는 마음을 접을 수도 있다는 사실이다. 본격적으로 앉아서 공부하기, 즉 엉덩이의 힘으로 공부하기 전이라면 나는 아이가 거실에서 자유로운 자세로 책을 읽거나 공부해도 괜찮다고 생각한다. 소파에 앉아서 책을 읽어도 되고, 바닥에 깔린 카펫에 누워 책을 읽어도 된다. 몸이 힘들면 알아서 자세를 바꾸기 마련이다. 그러니 우선은 아이가 책 읽기, 공부하기 등 활동 자체에 흥미를 갖고 집중할 수 있으면 된다.

둘째 현은 어릴 때부터 자유 분방한 자세를 좋아했다. 어디를 가든 편하게 앉거나 누워서 책을 읽고 그 외의 자기 할 일을 했다. 우리 부부는 현의 자세가 때와 장소에 따른 예의범절에만 어긋나지 않으면 그냥 믿고 지켜봤다. 현은 중학생이 되고 나서부터는 언제 그랬냐는 듯 오랜 시간 의자에 바르게 앉아 공부하기 시작했다. 이렇게 믿고 기다려주면 아이는 스스로 자기만의 스타일을 잘 찾아간다. 물론 어릴 때부터 한 자세로 오랜 시간 책을 읽는 아이라면 바른 자세를 잘 알려줘야겠지만, 대부분의 아이들은 한 자세로 책을 읽다가도 20분 정도 지나면 다른 자세로 바꾸니, 우리 부부가 그랬듯 믿고 지켜보기를 권한다.

바르지 않은 자세로 인해 아이의 체형에 문제가 생기는 경우는 보통 중고등학생이 되어 오랜 시간 의자에 앉아 있을 때다. 이때부터는 높이 조절이 가능한 책상과 의자 및 책 받침대를 활용하고, 1시간마다 스트레칭을 하게 하는 등 아이가 스스로 자세를 바르게 하도록 신경을 써주는 게 좋다.

거실 독서가 습관이 되는 노하우

만화책으로 시작해도 괜찮다

"아직 미취학 아이인데, 책을 읽을 때 만화책 위주로만 읽어요."

"초등 2학년인데 매주 도서관에 데리고 다녔더니 학습 만화에 푹 빠졌어요. 어떻게 해야 할까요?"

"만화책을 읽는 것도 독서라고 할 수 있을까요? 제 기준으로는 학습 만화도 진정한 의미에서의 책은 아닌 것 같아서요."

"예비 초등학생인데 학습 만화만 봐서 고민이에요. 아무리 학습 만화라도 유튜브 영상 콘텐츠만큼 자극적으로 보여요."

"아직 글자를 모르는 유치원생인데 그림만 보면서 혼자 책을 봐요. 그래도 괜찮은 건지 궁금해요."

"만화책만 보는 아이, 그냥 내버려둬도 될까요?"

많은 부모들이 아이의 독서에 관해 흔히 하는 고민이다. 만화책 보는 것을 독서라고 해야 할지, 만화책만 보고도 문해력이 발달할지, 그리고 만화책이 앞으로 다른 책을 읽는 데 과연 도움이 될지 질문하는 분들이 정말 많다.

2012년 우리는 거실 교육을 시작하면서 나와 남편 둘 다 거실에서 책을 보기 시작했다. 무엇이든지 아빠를 따라 하고 보는 아이들을 위해서 남편은 먼저 책상에 앉아 책을 읽었다. 이때는 아빠도 아이도 모두 독서 습관이 자리 잡기 이전이었다. 그래서 가족이 모두 다 같이 'WHY' 시리즈, '만화 세계사' 시리즈 등 학습 만화를 읽었다. 물론 중간에 다른 책도 있었지만, 1년 동안 학습 만화를 시작으로 꾸준히 앉아서 그림을 보고 글을 읽는 습관을 들였다. 이러한 과정을 거쳐 우리 가족은 학습 만화에서 다른 책으로 독서의 폭을 넓혔고, 또 독서의 양도 점차 늘려나갔다.

다독가로 유명한 영화 평론가 이동진은 독서에 대해 이렇게 말한 적이 있다.

"재미의 단계에 도달하기까지 시간이 오래 걸리고, 도저히 재미 같지가 않고, 고행 같고, 공부 같고, 그렇게 느껴지는데 이 단계를 넘어서는 순간 신세계가 열리는 분야가 있습니다. 그것이 독서입니다."

TV, 영화, 게임 등에 비해 독서는 확실히 재미를 느끼는 단계로의 진입 장벽이 높다. 독서의 재미를 제대로 느끼기 위해서는 준비가 필요한데, 개인적인 생각으로는 무궁무진한 독서의 세계로 들어가는 장벽을 낮춰주는 도구로써 만화책을 활용하면 좋겠다. 글자를 잘 모르거나 글자를 읽는 데 어려움을 느끼는 아이도 비교적 부담 없이 접근할 수 있고, 역사 만화나 과학 만화 등은 어려운 개념을 쉽게 이해시켜준다는 장점도 있기 때문이다.

먼저 책 읽는 부모가 된다

유대인 부모는 평소 거실에서 책 읽는 모습을 보여줌으로써 자녀를 자연스럽게 독서로 이끈다고 한다. 교육의 시작은 모방이기에 부모 스스로 모범을 보이는 것은 지극히 당연한 일이다. 부모인 내가 책을 읽지 않으면서 아이에게 책을 읽으라고 강요할 수는 없다. 게다가 거실 교육의 핵심은 같은 공간에서 다른 일을 하고 다른 생각을 하더라도 무엇이든 '함께'가 아닌가.

우리 부부는 이 책의 집필을 준비하며 SNS에서 "나(엄마, 아빠)부터 책을 보자. 하지만 책 읽기 힘든 나(엄마, 아빠)에게 팁을 준다면?"이라는 질문으로 설문 조사를 진행했다. 지금부터 설문 조사의 결과를 바탕으로 거실에서 먼저 책 읽는 부모가 되는 방법을 전해주고자 한다. 이어지는 내용을 참고해서 아이의 독서를 위해 부모가 먼저 책 읽는 노력을 하면 좋겠다.

일단 자리에 앉는다

가장 중요한 사항이다. 우리 집도 엄마 아빠가 먼저 자리에 앉아서 책을 읽으려고 노력했다. 부모가 먼저 책을 읽으면 어린아이일수록 자연스럽게 옆에 다가와 같이 책을 읽기 마련이다. 이런 환경은 아이가 자라도 마찬가지다. 부모가 먼저 책을 읽고 있으면 거실 분위기가 안정되어 아이 역시 책을 읽거나 공부하게 된다.

"책은 엉덩이로 읽는 거예요. 일단 앉아서 책을 펼치면 돼요."
"우선 읽는 척이라도 하고 봐요. 책을 펼쳐놓고 앉아 있다 보면 읽게 되더군요."
"아이가 게임을 하든 유튜브를 보든 제가 먼저 자리에 앉아 꿋꿋하게 읽었어요. 그러니까 어느 순간부터 아이도 책을 보더라고요."

쉬운 책부터 읽는다

아이에게 보여주고 싶은 마음에 굳이 어려운 책을 찾아서 읽는 부모가 있는데, 전혀 그럴 필요가 없다. 쉬운 책부터 시작하는 것이 좋다. 물론 아이가 보는 책을 같이 봐도 괜찮다. 괜히 어려운 책을 읽으려고 하면 집중이 잘 안 되고 잠이 올 수도 있다.

"만화 삼국지, 그리스 로마 신화 등 아이 책을 함께 읽었어요."
"얇은 시집이나 그림책을 읽으니까 부담이 덜 되더라고요."
"무협, 판타지, 추리 등 좋아하는 장르가 무엇인지 먼저 생각한 다음에 책을 골라서 읽으니까 독서가 더 잘됐어요."
"요리, 건강, 육아 등 관심 있는 분야의 책을 찾아서 읽으니까 집중이 한결 잘되더라고요."

그 외의 방법들

"커피, 음악 등 좋아하는 분위기를 만든 다음에 책을 읽었어요."
"온라인 독서 모임에 가입해서 활동하니까 먼저 책을 읽을 수밖에 없더라고요."
"책을 읽을 때 필사를 함께했어요. 좋은 문장을 필사하면서 읽으니까 지루하지 않더군요."

거실에 책을 뿌려놓는다

우리 집은 아이들이 어렸을 때 거실, 안방, 부엌, 베란다 등 집 안 여기저기에 책을 뿌려놓았다. 이렇게 하면 책을 단순히 읽는 도구만이 아니라 아이의 호기심을 자극하고 책을 읽고 싶은 환경을 조성하는 도구로도 사용할 수 있어 몇 배로 효과적이다. 아이들은 놀거나 다른 일을 하다가도 자연스럽게 손이나 발에 걸린 책을 보곤 했다.

집 안에서 책을 뿌려놓기에 가장 좋은 장소는 단연 거실이다. 아이가 하루 중 가장 많은 시간을 보낼 뿐만 아니라 가장 넓은 장소이기 때문이다. 우리 부부는 거실에 잔뜩 책을 뿌려놓은 다음에 너무 심할 때만 조금씩 정리하고 될 수 있으면 그대로 두려고 노력했다. 물론 이와는 반대로 책을 뿌려놓은 다음에 아이가 어느 정도 읽고 나면 정리 방법을 가르쳐야 한다고 생각하는 부모도 있을 것이다. 사실 방향은 선택하기 나름이다. 우리 집의 경우는 아이들이 수시로 자유롭게 책을 꺼내 보는 데 오히려 정리가 번거롭거나 불편해서 책 읽기를 방해할까 봐 초등학교 때까지는 아이들이 잠들고 난 후에 우리 부부가 정리했다.

아이의 책 읽는 스타일을 존중한다

아이가 책 읽는 모습을 가만히 살펴보면 아이는 자기가 좋아하는 책을 반복해서 보다가도 재미가 없으면 바로 덮어버린다. 책을 너무 편식해서 읽는 건 아닌지 우려할 수도 있지만, 지극히 자연스러운 현상이다. 아이는 안전하고 편안한 독서를 추구하기 때문이다. 아이의 독서 폭을 넓혀주고 싶다면 아이가 좋아하는 책과 비슷한 주제나 분위기를 가진 다른 책을 추천하거나 새로운 책을 읽으면 칭찬 스티

커를 주는 등 재미있고 자연스러운 방법으로 접근해보자. 이어령 교수님의 말씀은 책을 읽는 스타일이 정해져 있지 않다는 것을, 또 정할 필요가 없다는 것을 다시 한번 생각하게 한다.

> "의무감으로 책을 읽지 않았네. 재미없는 데는 뛰어넘고, 눈에 띄고 재미있는 곳만 찾아 읽지. 나비가 꿀을 딸 때처럼. 나비는 이 꽃 저 꽃 가서 따지, 1번 2번 순서대로 돌지 않아. 목장에서 소가 풀 뜯는 걸 봐도 여기저기 드문드문 뜯어. 풀 난 순서대로 가지런히 뜯어먹지 않는다고. 그런데 책을 무조건 처음부터 끝까지 다 읽는다? 그 책이 법전인가? 원자 주기율 외울 일 있나? 재미없으면 던져버려. 반대로 재미있는 책은 닳도록 읽고 또 읽어."

카페에서 책을 읽는다

우리 집은 주로 거실에서 책을 읽고 공부를 했지만, 가끔은 분위기 전환을 위해 카페에 갔다. 아이들은 초등학생이 되고 나서부터 밖에서도 집중을 잘할 수 있어서 그런지 카페에서 책을 읽거나 숙제하는 것을 좋아했다. 요즘은 중고등학생들이 카페에서 공부하는 모습을 많이 볼 수 있는데, 아이들은 너무 조용하기보다는 약간의 소음이 있는 곳에서 오히려 집중을 더 잘하는 것 같다.

앞서 백색 소음 관련해 언급한 바 있지만, 사실 카페에서 나는 소리는 아주 엄밀히 말하면 완전한 백색 소음은 아니다. 백색 소음은 모든 주파수가 일정한 강도로 섞인 소리인데, 선풍기 소리, 비 오는 소리, 강물 흐르는 소리, 에어컨 소리처럼 균일하면서 반복적인 특징이 있다. 반면에 카페에서 나는 소리는 사람들의 대화, 의자 끄는 소리, 커피 기계 작동 소리 등 다양한 소리가 불규칙적으로 섞인 핑크 노이즈Pink Noise에 가깝다.

그런데 왜 카페에서 들리는 소리를 백색 소음처럼 느끼는 것일까? 카페에서 나는 소리는 특정 음에 집중되지 않도록 주의를 분산시키는 효과가 있어 집중력을 높이거나 스트레스를 줄이는 데 도움이 되기 때문이다. 즉, 카페에서 나는 소리는 갑작스럽게 커지거나 조용해지지 않고 일정한 레벨의 소음을 유지하기 때문에 백색 소음과 마찬가지로 심리적 안정감을 제공하는 것이다.

그러니 집에서 집중이 잘 안 될 때는 아이와 같이 카페에 가보자. 각자 좋아하는 음료와 간식을 먹으면 기분 전환도 되고 예상보다 높은 집중도를 보일 것이다. 다음은 아이와 함께 카페에 갈 때 주의 사항이다.

1 부모가 먼저 아이와 함께 갈 만한 카페의 사전 답사를 한다. 사람이 너무 많아서 시끄러운 곳은 피하고, 카페에 놓인 테이블과 의자가 활동하기 편한 곳으로 정한다. 카페에서 책을 읽는다면 편안한 소파가 있는 곳이 좋고, 공부를 한다면 아이의 키에 적당한 높이의 테이블과 의자가 있는 곳이 좋다. 잘 찾아보면 의

외로 책을 읽거나 공부하기에 괜찮은 카페가 많다.

2 집과 거리가 가깝고 주차가 가능한 곳으로 정한다. 이동 시간이 길면 피곤하기 때문이다.

3 미리 영업 시간을 알아본다. 주말에 간다면 일찍 서둘러서 최대한 좋은 자리에 앉는 것을 추천한다.

4 욕심을 내지 않는다. 처음에는 아이가 음료와 간식만 먹고 집중을 잘 못 하더라도 분위기를 전환시키기 위해 카페에 왔다는 것에 더 의미를 둔다.

5 카페에 도착하면 바로 시간표를 짠다. 우리 집은 1시간을 둘로 나눠 50분은 공부 또는 독서, 10분은 자유로운 휴식으로 정했다. 50분은 생각보다 꽤 긴 시간이다.

6 스마트폰은 모아서 부모의 가방 안에 넣는다. 혹시 보고 싶더라도 참는다.

7 시계를 따로 준비한다. 부모가 시간을 확인한다는 이유로 스마트폰을 보면 아이도 스마트폰을 사용하고 싶어지기 때문이다.

8 부모가 먼저 열심히 책을 읽거나 공부해야 한다. 그래야 아이도 자연스럽게 집중한다.

9 매달 1~2회 정도 정해놓고 가면 좋다. 아이가 은근히 이 시간을 기다린다.

10 부모가 둘 다 갈 필요는 없다. 둘 중 한 명이 아이를 데리고 카페에 가면 나머지 한 명은 집에서 다른 일을 할 수 있다. 우리 집은 보통 주말 오전에 남편이 아이들을 데리고 나갔다. 그사이에 나는 청소를 하거나 휴식을 취하곤 했다.

주 1회 서점에 간다

우리는 아이들이 초등학생일 때 일주일에 1번은 꼭 서점에 갔다. 책으로 가득한 장소라는 점에서는 같지만, 서점은 도서관과는 또 다른 매력이 있다. 서점에 가면 아이들은 이곳저곳을 돌아다니면서 책을 탐색했고, 자기가 읽고 싶은 책을 고민한 다음에 골라서 가지고 왔다. 수와 현은 어릴 때는 학습 만화 위주로 골랐지만, 점점 커갈수록 각자 관심이 있는 분야의 책을 선택했다. 수는 역사를 워낙 좋아해서 세계사, 전쟁사, 나아가 철학사까지 관심을 가졌고, 현은 '셜록 홈즈' 등과 같은 추리 소설 시리즈에 흥미를 보였다.

부모가 아이와 함께 서점에 간다면 아이가 어떤 책을 선택하든 평가하지 말고 잘 골랐다고 격려하며 지켜봐줘야 한다. 기분 좋게 산책하듯이 서점을 돌아다니다가 스스로 직접 고른 책이 아이의 독서 동기에 긍정적인 영향을 미치기 때문이다. 운동도 하루 반짝이 아니라 꾸준히 해야 습관이 되고 근육이 생기는 것처럼 스스로 관심 있는 책을 선택해서 꾸준히 읽어야 바른 독서 습관이 형성될 수 있다.

거실 책장에서 가장 눈에 잘 띄고 아이 손이 닿기 쉬운 위치에 매주 서점에서 구입한 책을 꽂아두는 신간 코너를 만드는 것도 좋다. 별것 아닌 것처럼 보여도 거실에 이런 장치를 해두면 아이가 책에 더욱더 관심을 가지게 될 것이다.

꾸준히 과감하게 보상한다

다음은 2019년 12월, 둘째 현의 초등 6학년 겨울 방학 때의 기록이다.

> 6학년 겨울 방학은 중학교에 입학하기 전 마지막 방학으로 2개월이나 된다. 현이 중학교 가기 전에 책을 더 열심히 읽었으면 하는 마음에 남편은 아들과 하나 약속을 했다. 책을 1권 읽으면 그날 밤에 바로 게임 1시간을 하게 해준다고 한 것이다. 현은 얇은 책과 두꺼운 책의 차이는 없냐고 물었다. 150쪽을 읽으

면 1시간, 300쪽을 읽으면 2시간, 3권을 읽으면 당연히 3시간이라고 말하자 현도 좋다고 했다. 이럴 땐 아이들의 계산이 더 빠르고 훨씬 정확하다. 옆에서 듣던 나는 게임 시간이 너무 많다고 싫어했지만, 남편은 아이가 책을 몇 권 읽는지가 더 중요하다며 나를 끈질기게 설득했다. 현은 지금도 내 옆에서 책을 읽고 있다. 방학이 반 정도 지났는데 책을 대략 30권 정도는 읽은 것 같다. 같은 책은 안 된다는 전제 조건이 있었기 때문에 매일 다른 책을 읽는다. 방학 때 하루 종일 집에만 있다 보면 자칫 지루해질 수도 있지만, 현은 책도 읽고 게임도 할 수 있어서 그런지 그야말로 '누이 좋고, 매부 좋은' 방학을 보내고 있다.

방학처럼 시간적 여유가 있을 때 아이가 그간 간절히 원했던 보상을 활용하면 독서는 조금 더 즐거운 활동이 된다. 현에게는 게임 시간이라는 보상이 독서의 큰 동기로 작용했다. 남편과 현이 약속했던 것처럼 목표와 보상은 명확하게 정해야 한다. 매일 책을 읽은 만큼 게임 시간을 추가해주는 것은 눈에 확실히 보이고 또 선물 같은 보상이라 효과가 좋다. 만약 "이번 방학 동안 책 50권을 읽으면 컴퓨터를 바꿔줄게"라는 보상을 내걸었다면, 똑같이 책 읽기에 성공할 수 있었을까? 전혀 장담할 수 없다. 아이가 보상의 기쁨을 즉시 누릴 수 없기 때문이다. 매일매일 보상이 주어진다면 매일매일 책을 읽는 것이 아이에게는 그리 어려운 일이 아니다.

물론 아이가 보상에만 욕심이 생겨 책을 읽지도 않고선 읽었다고 거짓말하지는 않을지 걱정이 될 수도 있다. 그런데 이것이야말로 부모의 지나친 걱정일 뿐이다. 사실 나도 남편이 책 읽기를 두고 아이에게 보상을 내걸었을 때 처음에는 아이가 보상에만 초점을 맞춰서 보상이 있어야만 독서를 하면 어떡하나라고 걱정했지만, 그런 일은 일어나지 않았다. 아이도 당연히 책을 읽으면 자신에게 큰 도움이 된다는 사실을 알고 있다. 여기서 중요한 것은 보상을 통해 아이가 독서 자체에서 즐거움을 발견하도록 이끄는 것이다. 마지막으로 보상의 핵심 사항을 정리했으니, 보상을 사용할 계획이라면 참고한다.

- **성과와 연계**
  - 보상이 아이의 노력과 목표 달성에 따른 것임을 명확히 알려준다.

- **선택의 기회 제공**
  - 보상 옵션을 몇 가지 제안해 아이가 직접 선택할 수 있게 한다.

- **즉각성과 지속성**
  - 목표를 달성하면 즉각적인 보상을 주면서, 동시에 장기적인 보상을 함께 설정하면 더 효과적이다.

Chapter
5

놀이하는 거실

거실 놀이가 중요한 이유

아이는 왜 놀아야 할까?

미국 MIT 미디어랩의 교수 미첼 레스닉Mitchel Resnick은 아동 교육에 코딩 학습을 도입한 선구자다. 2024년 〈한국경제〉와의 인터뷰에서 그는 생성형 AI 시대에서 살아남기 위한 자질로 '창의력'을 첫손에 꼽았다. 기술 격변으로 미래 예측이 어려워진 상황일수록 유연한 사고가 중요한데, 창의력이 그러한 사고의 원천이 된다는 이유에서였다. 그는 아이가 살아가면서 갑작스러운 위기에 맞설 수 있으려면 창의적으로 변화에 대처하는 능력을 키워야 한다고 강조했다. 또 창의력을 키우는 방법으로 '4P'를 이야기했는데, 4P는 프로젝트Project, 열정Passion, 동료Peer, 놀이Play를 의미한다. 4P를 뒷받침하기 위해 레스닉 교수는 부모와 교육자들이 아이를 믿어주는 교육 환경을 조성하는 것이 중요하다고 말하면서 "아이가 열정을 쏟는 관심사에 맞춰 프로젝트를 수행할 기회를 제공해야 한다. 동료들과 이를 놀이처럼 해결하는 과정에서 창의력이 발현된다"라고 덧붙였다.

일상에서의 놀이는 아이가 재능을 발휘하고 창의력을 키우는 데 큰 역할을 한다. 거실은 보통 크기가 넓으며 편안한 가구가 마련되어 있어 다양한 놀이 활동을 하기에 좋은 장소다. 아이는 연령에 따라 거실에서 노는 모습이 계속 변화하는데, 아이의 연령에 맞는 거실 놀이 환경을 조성하면 자연스럽게 가족과 함께하는 시간이 늘어나고 발달에도 큰 도움이 된다.

수와 현도 어릴 때부터 거실에서 정말 많이 놀았다. 단순히 장난감을 가지고 노는 것부터 시작해서 딱지치기, 블록, 레고, 보드게임 등으로 다양하게 확장해나갔고, 나중에는 거실에서 컴퓨터 게임을 했다.

행복을 충전하는 몰입의 시간

'몰입Flow'이라는 개념을 정립한 미국의 심리학자 미하이 칙센트미하이Mihaly Csikszentmihalyi는 몰입을 '사람이 특정 상태에 도달하는 심리적 경험'이라고 정의했다. 그는 몰입을 경험하는 것이 개인의 삶에 큰 만족감을 주며 행복한 삶을 사는 데 중요한 역할을 한다고 강조했다. 인간은 몰입 상태에서 자신의 잠재력을 최대한 발휘할 수 있기 때문이다.

요즘 아이들에게 몰입할 수 있는 대상은 무엇일까? 대부분 아이에게는 평범한 일상 속의 재미있는 놀이가 몰입의 대상일 것이다. 물론 부모는 아이가 공부나 독서에 재미를 느껴 몰입하기를 바라지만 아이는 게임, 아이돌 가수, SNS, 유튜브 등에 몰입한다. 그중에서도 우리 집 아이들은 게임에 몰입했다. 수와 현은 언제나 게임을 할 때마다 엄청난 에너지를 쓰고 시간이 가는 줄도 모르게 했다. 두 아이는 주말에 3~4시간 정도 진짜 좋아하는 게임에 몰두하고 나면 얼굴이 밝아지곤 했다. 우리 부부는 놀이의 한 방편으로써 게임하는 아이들을 지켜보면서, 아이들은 게임에 몰입하면서 행복을 충전하는 것이고, 또 그 힘으로 주중에 자기가 해야 할 일을 충실히 해내고 있다고 생각했다.

거실 교육을 하면서 좋은 점 중 하나가 바로 이렇게 아이들의 진짜 몰입 현장을 지켜볼 수 있다는 것이다. 아이가 몰입할 대상이 있다면, 그것이 놀이라면, 부모는 아이가 거실에서 신나게 놀 수 있도록 지켜봐줘야 한다. 아이가 하루 중 잠깐이라도 자기가 진짜 좋아하는 것에 몰입해 행복을 충전한다면 그다음 날의 스트레스도 충분히 이겨낼 수 있는 내적 근성이 생길 것이다. 물론 공부는 중요하다. 하지만 아이에게는 잘 노는 게 더 중요하다는 사실을 꼭 기억해야 한다. 늘 부모가 지켜봐주고, 때로는 부모가 함께하는 거실 놀이는 아이가 건강하게 성장할 수 있도록 이끌어줄 것이다.

아이의 연령에 따라 달라지는 거실 놀이

유아기~유치원

유아기에는 아이의 감각 발달과 대근육 운동을 촉진할 수 있는 부드럽고 안전한 공간이 필요하고, 유치원 시기에는 활동적인 놀이와 탐구 활동을 지원할 수 있는 공간이 필요하다. 유아기~유치원 시기에는 아이의 성장과 발달에 놀이가 가장 중요한 역할을 한다. 이때 거실 중앙에 카펫, 매트, 쿠션 등을 이용하여 편안한 공간을 만들어주면 아이가 신나게 놀 수 있다.

- **역할 놀이:** 인형, 블록 등을 이용해 역할 놀이를 한다. 부모와의 상호 작용이 중요한 시기로, 병원 놀이, 가게 놀이 등이 대표적이다.
- **창의 놀이:** 색연필, 크레파스 등으로 스케치북에 간단한 그림을 그리거나 여러 가지 블록으로 다양한 구조물을 만드는 놀이를 한다.
- **운동 놀이:** 소음 방지 매트를 깐다는 전제하에 버티기, 매달리기, 균형 잡기 놀이 등 신체 능력을 발달시키는 활동을 거실에서 할 수 있다.

초등 저학년

초등 저학년 아이는 규칙을 이해해서 진행하는 경쟁과 협동 놀이에 관심을 보인다. 이 시기 역시 공부보다는 놀이가 주된 활동이기에 거실은 여전히 즐겁게 놀기 위한 공간에 더 가깝다.

- **보드게임:** 간단한 규칙에 따라 진행하는 보드게임을 하면서 논리적 사고와 사회성을 기를 수 있다.
- **블록 놀이:** 복잡한 블록을 사용해 창의적인 구조물을 만들면서 문제 해결 능력을 키워나간다.
- **협동 놀이:** 공놀이나 퍼즐 맞추기 등 가족과 함께하는 놀이를 즐긴다.

초등 고학년

초등 고학년부터는 집중력이 발달해 전략적 사고와 논리적인 활동을 하며 놀이에 대한 뚜렷한 선호나 취향이 생긴다. 이 시기에는 공부와 놀이가 공존하기 때문에 거실에서 공부와 놀이가 둘 다 잘 이뤄지도록 적절한 공간 배치가 필요하다.

- **전략 게임:** 체스, 젠가 등 비교적 복잡한 규칙에 따라 진행되는 게임을 하면서 전략적 사고를 발달시킨다.
- **창의 프로젝트:** DIY 키트 만들기나 플라모델 조립 등을 통해 창의력을 키울 수 있다.
- **전자 기기 활용:** 이 시기에는 콘솔 게임기, 컴퓨터 등을 활용한 놀이가 본격적으로 늘어나기 시작하며, 이때 적절한 시간 관리를 통해 건강한 놀이 환경을 조성하는 것이 중요하다.

중학교~고등학교

중학교~고등학교 시기의 아이는 독립성을 추구하고 자신의 취향과 흥미에 따라 다양한 놀이 및 여가 활동을 즐기려고 한다. 이 시기의 놀이는 이전까지와는 달리 한층 복잡하고 정서 및 사회 발달에 중점을 둔 활동으로 발전한다. 그래서 아이는 놀이로써 자기 자신을 표현하고 친구들과의 유대 관계를 강화한다. 이때 거실에서는 아이가 공부와 취미 활동을 균형 있게 할 수 있도록 부모의 관심과 배려가 필요하다.

- **컴퓨터 게임:** 전략, 롤플레잉, 스포츠 등 다양한 장르의 게임을 통해 논리적 사고력과 문제 해결 능력을 키울 수 있다. 온라인에서 친구들과 협동 플레이도 자주 한다.
- **SNS 활동:** 인스타그램, 틱톡 등 SNS로 자신을 표현하고 또래와 소통하며 정체성을 형성한다. 관심사 기반의 콘텐츠 소비와 공유를 통해 유행과 정보를 빠르게 주고받는다.
- **스트리밍 미디어:** 영화, TV 시리즈, 유튜브 등을 접함으로써 자기만의 취향을 형성하고 친구들과 이야기하는 화제로 활용한다.
- **복잡한 보드게임:** 카탄, 스플렌더 등 고도의 전략적 사고를 요구하는 복잡한 보드게임에 도전한다. 동시에 친구나 가족과의 경쟁을 통해 사회적 기술을 배운다.
- **카드 게임:** 트럼프, UNO, 트레이딩 카드 게임 등을 하면서 친구들과의 상호작용을 즐긴다.
- **DIY 및 공예:** 자신만의 프로젝트를 만들어나가는 데 관심이 생겨 그림 그리기, 각종 만들기, 코딩 등 다양한 창의적 프로젝트를 진행한다.
- **음악:** 노래를 부르거나 악기를 연주함으로써 감정을 표현하고 스트레스를 해소한다. 더 나아가 또래 집단과 함께 밴드를 결성하거나 음악 감상을 즐기기도 한다.

- **홈 트레이닝**: 실내용 운동 기구를 사용하거나 온라인 운동 프로그램을 통해 거실에서 간단한 신체 활동을 한다. 이는 아이의 건강뿐만 아니라 스트레스 해소에도 도움이 된다.
- **댄스**: 거실에서 영상을 보며 춤을 추거나 댄스 챌린지에 참여하며 창의적인 에너지를 발산할 수 있다.
- **친목 활동**: 집에 친구를 초대해 함께 어울리면서 사회적 기술을 발달시키고 관계를 쌓아나간다.
- **소통**: 아이가 커갈수록 부모와 아이가 거실에서 철학적이고 시사적인 주제에 관해 이야기를 나누는 시간이 늘어난다. 이때 생각을 표현하고 타인의 의견을 경청하는 능력이 향상된다.

당연히 수와 현도 친구들과 함께 게임하는 것을 가장 좋아했다. 그래도 가끔은 엄마 아빠와 보드게임이나 카드 게임을 하거나 고스톱을 치면서 놀기도 했다. 청소년기에 접어든다고 하더라도 놀이는 아이의 성장에 꼭 필요하고 중요한 요소임을 잊지 않았으면 좋겠다.

거실 놀이와 게임의 상관관계

아이의 게임을 대하는 부모의 자세

한국콘텐츠진흥원에서 발간한 〈2023 아동청소년 게임행동 종합 실태조사〉에 따르면, 아이에게 올바른 게임 이용 습관을 길러주기 위해서는 게임 이용에 대한 부모의 이해와 분명한 규칙 제시가 매우 중요한 것으로 나타났다. 부모는 아이의 게임 이용에 대해 인지하고 대화하는 것 이상으로 또래 문화로서의 게임 이용을 존중하며 일관된 양육 태도를 지녀야 한다.

주변을 아주 조금만 살펴봐도 '게임은 공부에 도움이 안 돼. 인생에도 도움이 안 돼. 심지어 중독의 위험까지 있어'라고 생각하는 부모들이 많다. 그런데 걱정이 된다고 해서 무조건 막을 수는 없다. 게임이 아이의 놀이이자 건강한 스트레스 해소법임을 인정하고 절충해서 해결 방법을 모색해야 한다.

거실에서 아이들이 재미있게 게임하는 모습을 보면 우리 부부는 언제나 기뻤다. 아이들이 자기가 해야 할 일을 성실히 다 하고 나서 게임을 하기 때문이었다. 게임은 부모가 하라고 허락하는 것이 아니라 그냥 아이들이 하는 것이다. 해야 할 의무를 다한 뒤에 자신의 정당한 권리를 누리는 것이다. 그러니 아이가 단 30분을 하더라도 부모의 눈치를 보기보다는 게임은 너의 정당한 권리임을 알려줌으로써 마음 편히 즐기면서 할 수 있도록 해줘야 한다. 그러면 아이도 자신의 의무를 다하려고 노력한다. 남편은 아이들에게 자주 이렇게 말하곤 했다.

> "일주일 동안 열심히 지낸 결과에 대한 보상으로 게임하는 너희들의 모습을 보니 아빠는 정말 기쁘다. 지금 너희들이 게임하는 건 당연한 거야."

부모가 먼저 나서서 게임을 아이의 놀이이자 취미, 그리고 권리로 인정해준다면 아이는 거실에서 당당하게 게임을 할 수 있을 것이다. 하지만 그러지 않는다면 아이는 게임을 하기 위해 방으로 들어갈 것이고, 자기 방에서도 할 수 없다면 점점 집 밖에서 더 많은 시간을 보내려고 할 것이다.

컴퓨터는 거실에 설치한다

첫째 수가 초등 6학년 때 오버워치라는 게임이 새로 나왔다. 수는 너무 재미있을 것 같다며 꼭 해보고 싶다고 말했다. 우리 부부는 "그래 한번 생각해보자"라고 통 크게 말하고선 정말 많은 고민을 했다. 지금까지 말로만 들었던 아이의 컴퓨터 게임 시기가 도래한 것이었다. 우리 부부는 컴퓨터를 사기 전에 어떻게 해야 할지 여러모로 생각하고 계획을 세웠다. 그러고 나서 아이들에게 다음과 같은 조항이 담긴 계약서를 내밀었다.

첫째, 컴퓨터는 반드시 거실에 설치한다.

둘째, 컴퓨터 종류는 데스크톱 컴퓨터로 정한다.

셋째, 게임은 거실에 있는 데스크톱 컴퓨터로만 한다.

아이들은 흔쾌히 알았다고 했다. 그토록 바라던 게임을 할 수 있는 컴퓨터가 생긴다는 것은 그 자체로 큰 선물이었기 때문에 계약서의 내용은 중요하지 않은 듯했다. 아이들은 계약서에 사인하여 벽에 붙였고, 이후로 놀라울 만큼 계약 내용을 잘 지켰다.

그런데 왜 굳이 데스크톱 컴퓨터일까? 게임으로 한정해서 살펴보자. 아이가 하고 싶어 하는 게임을 구동시키려면 기본적으로 컴퓨터 성능이 좋아야 한다. 일반 데스크톱 컴퓨터와 비슷한 성능을 가진 노트북은 거의 2배 정도 비싸다. 또 노트북은 쉽게 들고 다닐 수 있어 거실에서 하다가도 방으로 들고 들어가면 그만이라 그만큼 관리하고 통제하기가 어렵다. 반면에 데스크톱 컴퓨터를 사용하면 화면이 커서 게임할 때 훨씬 재미있고 박진감이 넘치며, 거북목과 같은 신체 변형이 올 가능성도 작다.

아이에게 게임을 허락한다면 컴퓨터를 사기 전에 반드시 부모가 먼저 어떻게 해야 할지 깊이 생각한 다음에 약속 내용을 정해야 한다. 이때 제대로 규칙을 정하지 않는다면 나중에 컴퓨터 시간을 통제하는 데 어려움을 겪을 가능성이 크다. 컴퓨터가 생기기 전의 아이는 부모님과 약속하면 이제 곧 컴퓨터가 생길 수 있다는 기대감으로 의지를 불태우며 웬만한 약속은 무조건 받아들인다.

거실에서 컴퓨터의 역할은 중요하다. 아이는 컴퓨터로 인터넷 강의도 듣고, 게임도 하고, 유튜브도 본다. 물론 아이한테는 컴퓨터가 자기 방에 있는 것이 가장 편하다. 만약 컴퓨터를 이미 방에 설치했다면 거실로 꺼내기가 쉽지 않다. 이런 경우에 어떻게 아이를 설득하면 좋을지 물어보는 부모가 의외로 많다. 그때마다 우리 부부는 거실로 컴퓨터를 꺼내려면 그만한 대가를 치러야 한다고 조언한다. 아이에게 다음과 같이 부탁해보면 어떨까?

- 거실에서 컴퓨터를 하면 엄마와 아빠가 안심할 수 있어.

- 거실에서 정해진 시간에 컴퓨터를 하면 무엇을 하든지 인정해줄게.
- 마지막으로 네가 힘든 결정을 하는 것이므로 큰 부탁을 하나 들어줄게.
  (컴퓨터 업그레이드, 모니터 업그레이드 등)

거실에 컴퓨터 설치 시 장점

- 아이가 해야 할 일을 다 하고 당당하게 게임할 수 있다.
- 아이가 웃는 모습을 곁에서 자주 볼 수 있다.
- 게임, SNS 등 아이의 취미를 인정하게 된다.
- 컴퓨터를 끝내야 할 시간에 스스로 끄는 습관을 기를 수 있다.
- 컴퓨터 사용 시간을 통제하기가 쉽다.
- 아이가 무엇을 하는지 확인할 수 있고 관심 분야도 알 수 있다.
- 누구랑 게임을 하는지 알 수 있다.
- 욕을 할 때 지적할 수 있다(게임을 하면 욕을 많이 배우고 쓴다).
- 나쁜 자세를 취할 때 바로잡아줄 수 있다.
- 아이가 컴퓨터를 할 때 부모는 안방에서 휴식을 취할 수 있다.

거실에 컴퓨터 설치 시 단점

- 전선 등으로 인해 거실이 다소 정신없어진다.
- 아이가 둘 이상일 경우, 한 명은 공부하고 다른 한 명은 컴퓨터를 한다면 서로 집중하기 힘들 수 있다.
- 예상보다 큰 소음이 발생한다.

거실에 컴퓨터 설치 시 장단점(feat. 수와 현)

- **장점**

- 하나도 없지만, 굳이 이야기한다면 컴퓨터를 할 때 "음료수 부탁요" 하면 엄마(아빠)가 가져다주는 것이다.

- **단점**

- 사실 모든 게 단점이다.
- 친구들과 자유롭게 이야기하면서 컴퓨터(특히, 게임)를 할 수 없다.
- 정해진 시간을 초과해서 할 수 없다.
- 아무 때나 할 수 없다.
- 아무래도 눈치가 보인다.
- 하고 싶은 게임을 할 수 없다.
- 인터넷 강의를 들을 때 헤드셋을 써야 한다.
- 컴퓨터로 게임을 할 때 엄마와 아빠가 왜 옆에 같이 있어야 하는지 이해할 수 없다.

수와 현에게 장단점을 물었을 때, 흥분하면서 아주 솔직하게 단점을 쏟아냈던 수가 말했다.

| 수 | 엄마, 나는 내가 서울로 대학을 가도 컴퓨터는 그냥 거실에 있었으면 좋겠어.

| 엄마 | 왜?

| 수 | 현이 할 거잖아.

| 엄마 | 그럼 진심으로 현을 위한다면 컴퓨터가 어디에 있으면 좋겠어?

| 수 | 절대 방으로 들어가는 건 아니야. 그냥 거실에 그대로 두면 돼요.

설령 단점이 많더라도 컴퓨터를 거실에 설치하는 것이 적어도 공부하는 동생에게는 긍정적인 영향을 미친다는 사실을 수는 확실히 아는 듯하다.

핸드폰으로는 게임을 하지 않는다

첫째 수가 초등 6학년 때 우리 집은 거실에 컴퓨터를 설치하기로 하면서 앞에서 언급했던 바와 같이 3가지 약속을 했다. 그중 '셋째, 게임은 거실에 있는 데스크톱 컴퓨터로만 한다'를 지키기 위해 다음과 같이 2가지 약속을 더 했고, 아이들은 조금 머뭇거렸으나 어느 정도 흔쾌히 계약서에 사인했다.

첫째, 핸드폰에 게임 앱을 설치하지 않는다.

둘째, 핸드폰에 게임 앱을 설치하면 일주일간 컴퓨터 게임을 금지한다.

추가 계약을 통해 아이들은 핸드폰에 있던 게임 앱을 모두 삭제했다. 이렇게 하면 게임 시간을 수월하게 관리할 수 있고 사고의 위험도 줄어들기 때문에 이러한 약속을 할 수만 있다면 꼭 추천한다. 남편은 자기가 아이들과 한 약속 중에 가장 자랑스러운 약속이라고 늘 이야기한다. 그만큼 핸드폰으로 게임을 하지 않는 것은 아이가 성장하는 시기에 중요한 문제다. 조금은 반발이 있겠지만, 거실에 컴퓨터를 설치하면서 추가로 이 약속까지 꼭 시도해보자.

보상에서 일상으로

아빠의 이야기

나는 인스타그램에서 교육 인플루언서로 활동하고 있다. 두 아들을 키우면서 생각하고, 느끼고, 반성하고, 성장한 이야기를 글로 써서 올리곤 하는데, 가끔 팔로워분들이 상담 댓글을 남길 때가 있다. 그때마다 나는 같이 고민해보기도 하고, 좋은 아이디어가 떠오르면 말씀을 드리기도 한다. 다음은 거실 놀이와 관련해 가장 기억에 남는 상담 댓글과 그에 대한 나의 답변이다.

• **상담 댓글**: 선생님이 쓰신 《아빠의 교육법》과 인스타그램 피드를 아이 아빠가 먼저 읽어보더니 아이들을 직접 부르더군요. 그래서 "그동안 일주일에 게임 3시간은 너무 적었지? 6시간으로 늘려줄게" 하고 실천한 지 2주가 되어갑니다. 전에는 그나마 3시간도 숙제를 다 끝내지 못하면 줄여서 그럴 때마다 아이들의 반발이 심했

는데, 이제는 게임을 하기 위해서일지언정 정말 열심히 노력합니다. 숙제를 하나 빠뜨리면 10분 차감인데, 그렇더라도 너무 억울해하지 않고 수긍하는 모습에도 흐뭇합니다. 부디 습관이 되어서 오래오래 이어지기를 바랄 뿐입니다. 저는 선생님의 이 말이 참 좋았습니다. "어머, 할 일 다 하고 게임을 하는구나. 참 보기 좋다."

• **나의 답변**: 정말 보기 좋습니다. 지금처럼만 엄마와 아빠가 욕심부리지 말고 아이의 마음을 이해해주세요. 조금만 더 시간이 지나면 보상으로 출발했던 게임이 일상이 될 겁니다. 그래서 자기가 해야 할 일을 다 하고 주말에는 여유롭게 노는 아이를 볼 수 있을 겁니다. 보상이 일상이 되는 순간, 행복해집니다.

주중에 나는 병원에서 일한다. 주말에는 아내와 함께 산책하고, 야구나 드라마를 보고, 책을 읽고 글을 쓰며, 2주에 1번 정도 골프를 친다. 나는 주말에 하는 여가 활동을 보상이라고 생각하지 않는다. 그저 일상일 뿐이다.

아이가 정해진 공부를 다 하고 나면 부모는 게임이나 유튜브 시청 등을 허락한다. 이것을 학습에 대한 보상이라고 여기면서 말이다. 나도 처음에는 그렇게 생각했다. 그러나 부모가 그러하듯, 아이도 같은 기준으로 바라봐줘야 한다. 학습은 학습이고, 게임이나 유튜브 시청 등은 보상이 아니라 아이의 일상이어야 한다.

나는 아이들에게 우선순위를 강조한다. 지금 내가 무엇을 먼저 해야 하는지를 알게 하는 것이 중요하다. 공부인지, 게임인지, 아빠라면 병원에서 일이 먼저인지, 아니면 골프가 먼저인지 말이다. 이것만 확실해지면 보상은 충분히 일상이 될 수 있다.

우리 집은 거실에 컴퓨터를 설치하고 게임 시간을 보상으로 시행한 지 8년이 지났다. 그동안 우리 가족 모두의 노력으로 컴퓨터 게임으로 대표되는 거실 놀이는 이제 보상이 아니라 일상이 되었다. 보상이 일상이 되는 순간, 아이는 주중에 하는 일에 대한 자율성과 책임감을 갖게 되고, 부모는 자기 방식대로 신나게 노는 아이를 웃으면서 마주하게 될 것이다.

PART 3

아이의 내면을
단단하게 만드는
거실 교육

Chapter
6

휴식하는 거실

거실은 심장이다

《거실 공부의 마법》의 저자인 오가와 다이스케는 거실에 대해 이렇게 말했다.

> "거실은 어디까지나 가족이 휴식하는 장소입니다. 아무리 아이의 지적 호기심을 넓혀준다지만 그게 의무가 되어버리거나 그렇게 해야 한다는 분위기를 풍긴다면 절대로 오래갈 수 없습니다. 오히려 역효과만 낳게 됩니다."

거실에서 공부도 하고, 독서도 하고, 놀기도 하지만, 우리 집 거실의 첫 번째 정체성은 '휴식 충전소'라고 이야기하고 싶다. 아이들은 학교를 마치고 지친 표정으로 집에 들어와 "아휴, 힘들어"라고 말하며 가방을 내려놓고 곧바로 소파에 누워 유튜브를 본다. 남편은 하루 일을 마치고 "아들들!" 하고 부르면서 집으로 들어와 거실에 있는 수와 현의 건강한 모습을 보고 마음을 놓는다. 저녁 일과를 마치고 나면, 거실 중앙 책상에 앉아 간단한 다과를 나누면서 그날 있었던 일을 이야기하거나 각자 공부를 하거나 책을 본다.

거실은 가족 모두가 고된 일과 끝에 자기만의 방식으로 세상에서 가장 편하게 휴식을 취할 수 있는 곳이다. 남편에게는 저녁을 먹고 멍때리거나 잠깐 누워서 단잠에 빠질 수 있는 안마의자가 있는 곳, 나에게는 집안일을 마치고 차를 마시면서 책을 볼 수 있는 소파가 있는 곳, 수와 현에게는 함께 집중하고 잠깐씩 이야기를 나누면서 공부할 수 있는 책상과 의자가 있는 곳이 바로 우리 집 거실이다.

〈SBS 스페셜 : 체인지 2부 공부방 없애기 프로젝트〉에서 우리 집 거실을 촬영할 때 담당 PD님은 우리 가족에게 "나에게 거실이란?"이라는 질문을 했다. 이에 둘째 현이 대답했던 내용이 아직도 머릿속과 마음속에서 떠나지를 않는다.

> "거실은 심장이라고 말하고 싶어요. 피의 순환이 심장에서 시작해서 심장으로 끝나는 것처럼 우리 가족은 항상 거실에서 시작해서 많은 상호 작용을 하고 하루를 마칠 때도 거실에서 끝나니까 이런 점들이 심장과 같다고 생각합니다."

심장은 낮은 압력으로 들어온 피를 높은 압력으로써 온몸으로 퍼뜨린다. 현의 말대로 우리 집에서 거실은 정말 심장과 같다. 에너지가 소진되어 방전되기 직전인 가족 모두를 충전시켜 다시 힘차게 나아갈 수 있게 해주는 곳이기 때문이다.

머물러 쉬고 싶은 거실로 만들려면

기꺼이 나와서 쉬고 싶은 거실의 조건

거실 교육을 한다고 SNS에 공표해놓다 보니, 거실 교육과 관련된 고민 상담을 꽤 많이 하게 된다. 그중 가족 모두가 기꺼이 나와서 머물고 싶은 거실, 가족 친화적인 거실 환경을 만드는 데 참고할 만한 고민과 답변, 그리고 사연을 골라 정리했다.

Q. 거실 교육을 시작하면서 TV를 안방으로 옮겼어요. 그런데 혹시 엄마(아빠)가 TV를 보느라 거실로 나오지 않으면 어떡하죠?

A. 그건 엄마(아빠)의 마음입니다. 거실로 나오고 싶으면 나오고, 안방이 편하면 그냥 있으면 됩니다. 거실에 나오고 싶은 사람만 모이면 됩니다. 나오고, 안 나오고는 그 사람의 몫입니다. 우리 집은 온 가족이 거실에서 지내는 것이 즐겁습니다. 같이 공부하고, 같이 책을 읽고, 아이들이 행복하게 게임하는 모습도 보고, 서로 농담도 하면서 그렇게 거실에서 보냅니다. 진짜로 즐거워서 거실에 머무릅니다. 물론 저도 하루 종일 거실에 있는 것은 아닙니다. 부엌에서 음식을 만들고, 집안일을 끝마치면 안방에서 TV를 보면서 쉽니다. 그러다가 거실로 나옵니다. 거실 교육을 한다고 해서 매 순간 온 가족이 거실에 있어야 할 필요는 없습니다.

Q. 이제 막 두 아이의 거실 교육을 시작했어요. 그런데 첫째는 거실에 잘 나와서 공부하는데, 둘째는 방에서 공부한다고 고집을 부려요. 어떻게 해야 할까요?

A. 역시 아이들의 몫입니다. 거실에서 공부하다가도 방으로 들어가고 싶으면 그렇게 하면 됩니다. 방에서 공부하다가 거실로 나오는 것도 아이의 마음입니다. 거실로 꼭 나오게 하고 싶다면 엄마와 아빠가 거실을 편하고 즐겁게 만들면 됩니다. 거실에 머무는 가족의 모습이 편하고 즐거워 보인다면 방만 고집하던 아이도 자연스럽게 거실로 나올 겁니다.

Q. 아이들이 어릴 때는 거실을 서재로 만들어서 거실 교육을 했어요. 그런데 아이들이 크면서 각자 방을 만들어줬더니 그때부터는 문을 꽉 닫고 있어서 소통이 안 되더라고요. TV라도 거실에 있으면 나올까 싶어 결국은 없앴던 TV까지 다시 거실로 들였는데, 그래도 얼굴 보기가 힘들었어요. 그런데 작가님

댁 가족이 나온 방송을 보고 거실에 큰 탁자와 아이들이 좋아하는 간식 등을 두었더니 그때부터 거실로 자주 모이게 되고 대화가 많아졌어요.

A. 즐거운 곳에 사람이 모여드는 법입니다. 그리고 가족이 거실에 모이면 행복해집니다. 드디어 아이들이 거실을 편한 곳, 즐거운 곳으로 생각하게 되었나 봅니다. 앞으로 아이들이 좋아할 만한 것을 계속 거실에 준비해주면, 아이들은 자연스럽게 거실에서 더 많은 시간을 머물게 될 겁니다.

수와 현은 학교나 학원에서 돌아오면 늘 거실에 머물렀다. 멍때리면서 휴식을 취하거나 유튜브를 보면서 간식을 먹었다. 아이들은 공부를 끝마치고 잠자리에 들기 전까지 거실에 있곤 했다. 편하게 누워서 유튜브를 볼 수 있는 소파, 게임을 할 수 있는 컴퓨터, 책을 읽거나 공부할 수 있는 큰 책상과 의자가 모두 거실에 있기 때문이었다. 우리 부부는 거실을 아이들에게 편한 곳, 즐거운 곳으로 만들어주기 위해 언제나 노력했다. 언젠가 첫째 수와 이런 대화를 나눈 적이 있다.

| **엄마** | 거실이 편해? 방이 편해?

| **수** | 당연히 방이 편하지.

| **엄마** | 그런데 왜 거실로 나와?

| **수** | 거실이 방보다는 즐겁거든.

휴식을 위한 거실로 꾸미는 방법

편안하고 안정감 있게 거실에서 휴식을 취할 수 있으려면 가구 배치, 조명 연출, 색상과 소재, 전체적인 분위기를 고려하고, 정리에 신경을 써야 한다.

편안한 가구 배치

몸을 편안하게 감싸주는 소파를 선택하고, 푹신한 쿠션과 담요를 더해 편안함을 극대화시킨다. 이때 거실을 여러 가지 가구로 지나치게 꽉 채우기보다는 여유 공간을 남겨 답답하지 않은 느낌을 주도록 한다.

우리 집도 아이들이 초등 저학년 때까지는 거실에 큰 소파를 놓고 카펫을 깔아 편안하게 지낼 수 있도록 했다. 지금은 3인용 소파와 안마의자, 그리고 편안한 게임용 의자를 놓아 가족 구성원 각자가 선호에 따라 휴식을 취할 수 있게 만들었다.

따뜻한 조명 연출

따뜻한 빛 색깔의 스탠드와 벽등 또는 LED 간접 조명을 활용해 부드러운 분위기를 조성한다. 디머 기능이 있는 조명을 사용하면 시간대와 기분에 맞게 빛의 밝기를 조절할 수 있다. 커튼이나 블라인드는 빛을 적당히 통과시키는 밝은색으로 선택해 낮에는 자연광을 최대한 받을 수 있도록 한다.

우리 집은 거실 중앙에는 집중력 유지에 좋은 주광색 전구를 사용했고, 거실 가장자리에는 은은한 노란빛의 전구색 조명을 설치해 아늑한 느낌을 줬다. 그리고 거실 베란다 창문에는 2중 커튼을 달아서 소음을 차단했으며, 그중 안쪽 커튼은 흰색의 리넨 소재로 골라 자연광을 최대한 받을 수 있게 했다.

평온한 색상과 소재

벽지나 가구의 색상을 베이지색, 크림색, 파스텔톤 등 부드럽고 중립적인 색으로 선택해 안정감을 준다. 면, 리넨, 니트, 양모 등과 같이 따뜻하고 자연스러운 소재의 러그, 쿠션, 담요를 활용해도 좋다. 싱그러운 초록색 식물을 배치해 자연적인 분위기를 더할 수 있다.

우리 집은 거실 벽지의 색상을 흰색과 베이지색의 중간톤으로 골라 평온한 느낌을 주려고 했고, 소파 역시 벽지와 비슷한 색상으로 선택해 전체적으로 포근한 분위기를 느낄 수 있게 만들었다.

안정감을 주는 분위기 요소

거실에서 휴식을 취할 때는 블루투스 스피커로 잔잔한 음악을 틀어 편안한 분위기를 조성한다. 아로마 디퓨저, 캔들 또는 에센셜 오일로 은은한 향기를 더하면 심리적 안정감을 극대화할 수 있다. 가족사진이나 자연 풍경을 담은 액자를 걸어 따뜻함을 더하는 것도 좋다.

우리 집 거실에는 라벤더나 시트러스 계열의 디퓨저와 캔들이 놓여 있다. 향기는 집의 분위기를 좌우하는 가장 중요한 요소이기 때문에 나는 특히 신경을 쓰는 편이다. 아이가 공부하는 거실 책상 위에 에센셜 오일을 떨어뜨린 우드 볼을 놓아주곤 했는데, 경험상 상쾌한 향이 피로감을 줄이고 집중력을 높이는 데 효과가 있었다(참고로 에센셜 오일은 로즈메리, 페퍼민트, 유칼립투스 향을 추천한다).

깔끔한 정리

복잡한 물건은 눈에 보이지 않게 정리하고 필요한 물건만 남겨 깔끔하고 정돈된 분위기를 조성한다. 수납함을 활용해서 정리하면 거실이 한결 넓어 보인다.

아이가 커갈수록 가장 많이 쌓이는 물건 중 단연 으뜸은 책이다. 우리 집 거실에도 여느 도서관 못지않게 책이 정말 많다. 그래서 주기적으로 남길 책과 정리할 책을 구분하여 거실 공간을 확보하려고 노력한다. 더 이상 읽지 않는 책은 미련을 버리고 기부하거나 중고로 판매하는 등 과감하게 정리하도록 한다.

Chapter
7

소통하는 거실

가족 관계를 재구성하기 가장 좋은 곳

고려대 심리학과 교수 허태균은 자신의 저서《어쩌다 한국인》에서 우리나라 사람들의 문화가 집단주의가 아닌 관계주의라고 이야기한다. 한국인에게는 조직 자체보다는 그 안에서 얽힌 관계가 더 중요하다는 것이다. 회사에 다니는 사람들은 가족과 집에서 보내는 시간보다 회사에서 동료와 보내는 시간이 더 긴 경우가 많다. 물론 요즘은 많이 바뀌었지만, 과거에 '가족 같은 회사'라는 표현이 흔하게 사용되었던 것도 가족만큼이나 회사 동료와 많은 시간을 보냈기 때문이다.

우리나라는 여전히 관계를 중요시한다. 회사에서 타인과 관계 형성을 해왔던 아빠들이 뒤늦게 가족과 가까워지기 위해 노력하지만, 쉽게 되지 않는다. '수직적 관계 형성'에 적응이 되었기 때문이다. 이제는 '수평적 관계 형성'을 해야 한다. 이 둘이 어떤 차이가 있는지 살펴보자.

- **수직적 관계 형성**

- 과거에는 부모와 자식 모두 각자의 역할을 하면서 열심히 생활했다. 부모님의 노력은 '자식을 위해'라는 말로 자주 표현되었다. '자식을 위한' 부모님의 노력에 보답하는 것이 자식의 당연한 도리라고 여겨졌다. 부모는 부모의 공간에서 어른의 일을 하고, 자식은 자식의 공간에서 아이의 일을 했다. 가장인 아버지는 집안의 최고 결정자였으며, 수직적 관계 형성에 기초한 가족 간의 의사소통은 주로 위에서 아래로, 톱다운Top-down 방식으로 이뤄졌다. 자식은 부모님의 말씀을 잘 듣고 시키는 일을 잘해야만 했다.

- **수평적 관계 형성**

- 여전히 부모와 자식 모두 각자의 역할을 하면서 열심히 생활하지만 부모는 자세를 낮춰 눈높이를 자식과 맞추려 노력하고, 자식은 스스럼없이 자신의 의견을 낸다. 요즘에는 친구 같은 부모도 꽤 많다. 가족 구성원 간의 위계는 점점 희미해지고 관계가 수평적으로 변해간다. 부모의 권위로 아이에 관한 모든 것을 결정하거나 시키기가 어려워졌다. 집안의 중요한 결정을 위해 가족회의를 하는 등 가족 구성원 모두의 의사가 반영되는 과정을 지향한다.

2000년대에 태어난 아이를 키우고 있는 부모는 아이와 수평적 관계를 형성하기 위해 노력해야 한다. 수평적으로 아이를 대해야 한다고 말하면 어떻게 해야 하는지 모르겠다고 이야기하는 분들이 생각 외로 많다. 부모 자신이 과거에 친구를 사귀던 때를 떠올려보면 된다. 친구는 내 이야기를 잘 들어준다. 친구가 좋아하는 것이 뭔지 궁금해서 관심을 두고 알아가다 보면 나도 좋아하게 된다. 즐거운 놀이도 함께하고, 어려운 공부도 함께한다. 친구가 옆에 있으면 힘든 일도 서로 응원하면서 어떻게든 하게 된다.

부모와 아이도 마찬가지다. 물론 친구와 자녀는 다르지만, 부모가 아이와 많은 시간을 공유하고, 서로의 생각을 듣고 말하며, 때로는 같이 놀고 때로는 같이 공부하면서 지내면 된다. 수평적 관계 형성을 위해 부모가 아이와 친구처럼 지낸다고 해서 아이가 부모에게 버릇없게 행동하지는 않는다. 만약에 아이가 버릇없게 행동한다면 오히려 부모 자신의 행동과 언행을 다시 한번 돌아볼 일이다.

거실 교육을 하면 거실에서 가족이 함께 시간을 보내며 서로의 이야기를 나누는 것만으로도 부모와 아이 사이에 수평적 관계 형성이 자연스럽게 이뤄질 수 있다. 우리 집에서 확실히 효과가 있었던 몇 가지 방법을 소개한다.

1 거실을 자유롭게 대화하는 공간으로 십분 활용한다. 부모는 안방에, 아이는 자기 방에 들어가버리면 서로 대화할 기회를 갖는 것조차 쉽지 않다. 거실 교육을 하면 거실에 가족이 다 같이 모

일 수밖에 없어서 각자 자기 할 일을 하면서도 자연스럽게 소통할 기회가 많아진다.

2 거실에서 아이와 함께 보드게임을 해보자. 보드게임의 규칙은 부모와 아이에게 똑같이 적용되므로 처음부터 끝까지 평등한 관계로 게임을 할 수 있다. 정해진 규칙을 잘 지키면서 서로 존중하고 협력하여 게임을 진행하면 수평적인 관계가 형성될 뿐만 아니라 시나브로 단단해질 것이다.

우리 집 아이들은 보드게임을 정말 좋아한다. 보드게임을 하다 보면 가끔은 남자아이들의 승부욕이 무섭게 느껴질 정도다. 아이는 부모라고 봐주지 않고, 우리 부부도 아이라고 봐주지 않는다. 같은 선상에서 즐겁고 치열하게 게임을 이어간다.

3 부모만 아이를 가르치는 것이 아니라 아이도 부모를 가르칠 수 있다. 아이가 잘하는 것(게임, 그림 그리기, 악기 연주 등)에 부모가 관심을 갖고 물어보면서 배우려는 태도를 보이면 아이는 자신이 존중받는다고 느낀다.

수와 현이 가장 잘하는 것은 게임이다. 언젠가 남편이 아이들에게 롤LOL 게임을 배운 적이 있었는데, 아이들은 아빠가 잘 못한다고 놀리면서도 친절하게 가르쳐줬다. 당연히 컴퓨터가 거실에 있어서 가능한 일이다.

4 거실에서 학교생활, 공부 등 일상적인 주제뿐만 아니라 사회 문제, 연예계 소식, 아이의 관심사, 친구 문제 등 다양한 주제로 대화를 한다. 이러한 시간이 점점 쌓이다 보면 아이는 부모에게 친구 같은 편안함을 느낄 수 있을 것이다.

5 거실 교육을 한다고 해서 거실을 단순히 공부하는 공간으로만 보면 안 된다. 부모가 나서서 거실을 놀이와 휴식이 조화롭게 이뤄지는 공간으로 만들 때 아이와도 자연스럽게 가까워질 수 있다.

우리 부부는 거실 교육을 하면서 아이들과 수평적인 관계를 자연스럽게 형성해왔다. 거실 교육을 한 이후로 아이들은 엄마 아빠에게 스스럼없이 솔직하게 이야기하고 부탁도 하며 때로는 조언도 한다. 이렇게 되기까지 거실에서 함께 시간을 보내고 매일 대화를 나누며 아이들이 어떤 생각을 하는지, 무엇을 좋아하는지 등을 있는 그대로 받아들이고 공감하기 위해 끊임없는 노력을 기울였다. 무슨 일이든 첫 단추가 가장 중요한 법이다. 일단 거실에서 아이를 기다리고, 어느 순간 아이가 나타난다면 먼저 마음을 활짝 열고 다가가기를 바란다.

아이와 친해지는 일에도 순서가 있다

"사춘기 아이와의 대화가 너무 어려운데 물꼬를 트는 방법이 있을까요?"

이런 질문을 받을 때마다 고민이 된다. 사춘기 전까지는 아이와 친하게 지내다가 단지 사춘기 때문에 대화가 어려워진 걸까? 아니면 어릴 때부터 지금까지 계속 아이와 친하지 않았던 걸까? 전자라면 시간이 약일 수 있겠지만, 후자라면 물꼬를 트는 방법을 찾기가 쉽지 않다. 아이와 친밀감이 형성되지 않은 상태에서 무작정 대화를 시도하려고 하면 오히려 관계가 점점 멀어질 수도 있기 때문이다.

우리 부부는 아이와 친해지는 일에도 순서가 있다고 생각한다. 지금 아이와의 관계가 힘들다면 아이와 친한 정도가 어느 단계인지 생각해보고, 그 단계로 돌아가서 끊임없는 노력을 해야 한다.

- **1단계** 몸으로 친해지기
- **2단계** 마음으로 친해지기
- **3단계** 인생의 동반자로 친해지기
- **번 외** 공부로 친해지기

우리나라의 꽤 많은 아빠들이 일이나 취미 등 집 밖의 활동으로 바쁘게 지내다가 어느 순간 이제는 아이와 시간을 보내야지 하고 생각한다. 이때 주의 사항은 순서를 바꾸면 쉽지 않다는 것이다. 몸으로 채 친해지지도 않았는데, 곧바로 마음으로 친해지고 싶어 속 깊은 이야기를 하려다 보니 통하지 않을 수밖에. 공부할 때도 옆에 같이 있으면 오히려 서로 불편할 수 있다. 그래서 순서를 지켜야 한다. 만약에 중학생인 아이와 아직 친하지 않다면 밖에 나가서 같이 산책하거나, 운동하거나, 영화를 보자. 딱히 말없이 해도 괜찮다. 그러다 보면 아이가 먼저 넌지시 이야기할 때가 온다. 그때 힘 빼고 들어주면 된다.

아이가 사춘기가 되면서 서로 대화가 확연히 줄어들고 점점 멀어지는 느낌이라고 걱정하는 부모가 꽤 많다. 사춘기는 아이가 자신의 정체성을 확립하고 독립성을 추구하는 시기이기 때문에 부모와

의 관계도 자연스럽게 흘러가지 않을 가능성이 크다. 사춘기 아이와 친해지기 위해서는 이해와 인내, 또 존중이 필요하다. 이때 거실 교육은 부모와 아이가 차근차근 친해지는 순서를 밟아 나가는 데 분명히 도움이 된다.

1단계 몸으로 친해지기: 태어나서~초등 저학년

아이가 태어나서 초등 저학년까지는 몸으로 친해져야 한다. 갓난아이 때는 자주 눈을 맞춰준다. 걷기 시작하면 옆에서 같이 걷는다. 장난감을 가지고 놀면 친구처럼 눈높이를 맞춰서 놀아준다. 자전거 타는 법을 가르쳐주고 나중에는 같이 탄다. 줄넘기, 배드민턴, 축구, 농구 같은 운동을 함께한다. 이러한 시간이 쌓이다 보면 가랑비에 옷이 젖듯 부모와 아이는 누구보다도 친해진다.

거실은 부모와 아이가 자연스럽게 몸으로 친해질 수 있도록 만들어주는 장소다. 부모가 퇴근해서 일부러 시간을 내어 아이와 놀아주지 않아도 된다. 그냥 거실에 서로 같이 있기만 해도 된다. 만약 아이가 초등 고학년이나 중학생이 되었는데도 거리가 느껴진다면 이때는 아이가 좋아하는 게임이나 운동을 같이하거나 아이돌 가수의 영상을 함께 보면서 친해지는 것도 하나의 방법이다. 부모가 아이와 몸으로 부대끼는 시간의 길이만큼 아이와 친해질 것이다.

2단계 마음으로 친해지기: 초등 고학년~중학교

초등 고학년~중학교 시기의 아이는 자신의 미래와 진로에 대해서 고민하기 시작한다. 이전까지 몸으로 친해졌다면 이제부터는 마음으로 친해지는 시기다. 부모는 먼저 거실에 머물면서 아이가 무엇을 좋아하고, 어디에 관심이 있고, 어떤 고민을 하는지 관찰한다. 혹시 문제가 생기더라도 차분히 지켜본다.

따로 시간을 내어 거실에서 함께 이야기를 나눌 자리를 만드는 것도 좋다. 이때 아이가 좋아하는 간식을 준비하면 분위기를 훨씬 부드럽고 밝게 바꿀 수 있다. 그러고 나서 천천히 아이가 좋아하는 것을 주제로 이야기를 시작한다. 당연히 부모 자신의 이야기도 꺼낸다. 아이에게 부모의 초등 고학년~중학교 시절 이야기를 들려주고, 그때 그 시절 고민했던 일까지 솔직하게 말해준다. 마음으로 친해지려면 서로 속마음을 편하게 이야기할 수 있어야 한다. 부모가 일방적으로 조언만 하면 아이는 부담을 느낄 수밖에 없다. 부모가 자신의 학창 시절, 최근의 고민 등을 이야기하면서 자연스럽게 대화를 이어나가면 아이도 한결 편안하게 느낀다.

무엇보다 중요한 것은 여유로운 마음이다. 부모도 학창 시절에 친한 친구의 이야기를 듣고 공감해줬듯이 그때 그 마음으로 여유롭게 아이의 이야기를 들어주자. 이때 아이가 "엄마 아빠는 그런 적 없었어?"라고 물으면 솔직하게 대답하자. 그러면 아이는 '우리 엄마 아빠도 나와 같은 시절을 보냈구나!'라고 생각하며 마음을 열고 친해지려고 할 것이다.

3단계 인생의 동반자로 친해지기: 중학교 이후

부모와 아이의 관계는 단순히 보호자와 피보호자의 관계가 아니라 서로 이해하고 의지하는 동반자 관계로 발전할 수 있다. 아이가 어릴 때는 몸으로 친해지고, 사춘기가 되어서는 마음으로 친해져서 친밀한 유대감을 형성하면, 그 후에도 깊은 신뢰 속에서 동등한 관계를 지속할 수 있다.

그러기 위해서는 부모가 아이를 자신의 소유물이 아니라 하나의 독립된 인격체로 대해야 한다. 우리 부부는 거실 교육을 시작한 후로 무엇이든 아이들의 의견을 물어보고 경청하려고 노력했다. 또 아이들이 좋아하는 것을 인정해주고 사생활과 감정을 존중해주기 위해 애썼다. 그래서 우리 부부는 아이들과 몸과 마음으로 친해질 수 있었고, 이제는 인생의 동반자로서 친해지는 과정 중에 있다.

아이들이 사회에 나가서 힘들고 고민되는 일이 생길 때, 중요한 결정을 해야 할 때 기꺼이 엄마 아빠를 찾으면 좋겠다고 생각한다. 서로 함께한 시간이 차곡차곡 쌓인 덕분에 수와 현은 작은 고민부터 큰 결정까지 의견을 구하고 우리 부부는 적당한 선을 지키며 조언한다. 이제는 우리 부부도 모르는 것이 있으면 수와 현에게 물어보는데, 그때마다 아이들은 다소 냉철하게 조언한다. 그렇게 우리 가족은 부모와 아이가 인생의 동반자로서 친해지고 있고, 점점 상호 의존적인 관계가 되어가고 있다.

부모가 아이의 든든한 지지자가 되는 것은 동반자 관계 형성에 매우 중요하다. 아이가 성공과 실패를 모두 경험하는 과정에서 흔들림 없이 항상 지지해주는 부모는 정말 큰 힘이 된다. 아이와 깊은 유대감을 형성하려면 신뢰를 바탕으로 한 소통이 가장 중요하다는 사실을 반드시 기억해야 한다.

번외 공부로 친해지기: 중학교 2학년~고등학교 3학년

마지막으로 번외는 공부로 친해지는 것이다. 중학교 2학년~고등학교 3학년 아이는 공부에 정말 많은 시간을 투자한다. 시험 기간이 되면 오롯이 공부에만 몰두한다. 부모는 시험만 끝나면 아이와 많은 시간을 보내야겠다고 생각하지만, 막상 시험이 끝나면 아이에게 부모는 안중에도 없다. 친구들을 만나서 게임하고, 운동하고, 쇼핑하고, 영화를 보고… 그렇게 시간을 보낸다. 우리 부부는 이제 잘 안다. '시험이 끝났으니까 아이들과 함께 시간을 보내기가 더 힘들겠구나.' 그래서 아이들이 공부하는 시간만이라도 옆에서 함께하려고 노력했고, 지금은 마지막 노력을 기울이는 중이다.

부모는 아이가 공부를 단순히 학업 성취가 아니라 함께하는 활동으로 느끼도록 이끌어줘야 한다. 부모도 경험해봤지만, 혼자 하는 공부는 외롭고 지난한 과정이다. 아이가 공부할 때 괜한 압박을 주기보다는 옆에서 같이 일을 하거나, 책을 읽거나, 지원하는 역할(안마해주기, 간식 챙겨주기, 문제집 채점해주기 등)을 한다면 부모와 아이는 공부를 매개로 더 가까워질 수 있다. 1~3단계를 착실히 거치면서 부모와 아이가 원만한 관계를 형성했다면 공부로도 분명히 더 단단하게 친해질 수 있을 것이다.

안도감과 최적의 거리 사이

우리 집의 흔한 거실 풍경. 수와 현은 평소에는 책상에서 공부하고, 쉬는 시간에는 소파에 누워서 유튜브를 보며, 때로는 컴퓨터로 게임을 하기도 한다. 우리 부부는 아이들의 모습을 편안하게 바라본다. 거실은 우리 집의 중심이며 편하고 따뜻한 분위기를 제공한다. 이렇게 된 이유는 가족 모두가 거실에서 안도감을 느낄 수 있어서다. 안도감은 안심되는 마음으로, 긴장이 풀리고 마음이 편안해지는 상태를 뜻한다. 어떤 걱정이나 불안에서 벗어났을 때, 문제가 해결되었을 때 느끼는 심리적 안정감인 셈이다. 거실 교육에서 안도감은 가족 구성원이 서로 최적의 거리를 유지할 때 생긴다.

거실에서 가족이 함께 시간을 보내는 것은 정말 중요하지만, 그만큼 최적의 거리를 유지하는 것 또한 중요하다. 가까운 관계일수록 너무 간섭하면 서로 부담이 되고, 반대로 너무 멀어지면 소외감을 느끼므로 적절한 균형이 필요하다는 의미다. 거실 교육을 할 때 관계의 포인트는 '따로 또 같이' 사이에서의 현명한 줄타기다. 우리 집에서 거실 교육을 하며 서로 최적의 거리를 유지하기 위해 실천했던 방법은 다음과 같다.

1 공간을 분리한다

가족들이 각각 자기만의 일(공부, 독서, 취미, 휴식 등)을 할 수 있는 작은 공간이나 영역을 정한다. 현재 우리 집 거실에는 둘째 현이 공부하는 책상, 우리 부부가 책을 읽는 책상, 현이 게임을 하는 컴퓨터 책상, 내가 빨래를 정리하거나 현이 유튜브를 보는 소파, 남편이 휴식을 취하는 안마의자 등이 있다. 이렇게 각자 사용할 수 있는 여러 개의 작은 공간을 정해두면 거실이라는 같은 공간에서도 최적의 거리를 충분히 유지할 수 있다.

2 서로의 스케줄을 인정한다

거실에서 부모와 아이가 서로의 스케줄에 맞춰 각자 할 일을 하고 휴식을 취한다. 부모와 아이가 똑같은 시간표에 따라 움직이는 일은 불가능하므로 서로 다른 스케줄을 인정하고 지켜보면 된다. 올해 1월, 둘째 현은 고3을 앞두고 평소와는 다른 방학 시간표를 세워 거실 책장에 붙여놓았고, 우리 부부는 겨울 방학 내내 아이를 지켜보며 응원했다.

3 개인의 시간을 존중한다

가족 중 누군가 혼자 있고 싶거나 다른 공간에서 시간을 보내고 싶어 한다면 이를 존중해야 한다. 우리 집도 거실 교육을 하고 있지만, 가족 모두가 하루 종일 거실에 모여 있는 것은 아니다. 남편이나 나는 휴식을 취하고 싶을 때 안방으로 간다. 수와 현도 편안히 누워서 쉬고 싶을 때 침실로 간다. 필요하다면 그때그때 개인의 시간을 충분히 보내면 된다.

우리 집은 거실 교육을 하면서부터 서로가 서로에게 불편을 끼치지 않으면서 각자 자유롭게 행동할 수 있는 최적의 거리를 유지하려고 다 같이 노력 중이다. 그래야 모두가 안도감을 느끼며 거실에 머무르는 동안 마음이 편안할 것이기 때문이다. 〈SBS 스페셜 : 체인지 2부 공부방 없애기 프로젝트〉에서 첫째 수는 이런 이야기를 했다.

> "거실에서 가족이 함께 생활한다는 것은 서로한테 맞춰가려고 노력하는 것입니다. 저희도 저희 나름대로 노력하고 있고, 부모님도 부모님 나름대로 노력해서 이렇게 된 게 아닌가 생각합니다."

소통하는 일상이 제값, 공부는 덤

어느 날, 가까운 이웃과 만나 아이와의 관계 형성에 관해 다음과 같은 대화를 나눈 적이 있다.

"아이가 공부를 잘해서 좋은 대학에 들어가고, 또 좋은 직장에 들어가면 부모도 행복하지 않을까요? 그러니 공부가 우선이지 않나 싶어요."

"당연히 행복하겠죠. 하지만 관계 형성이 가장 먼저예요. 아이가 공부를 잘하고 좋은 직장에 들어가는 건 보너스라고 생각해요. 그냥 덤일 뿐이죠."

또 다른 날에는 7살, 4살 아이를 둔 엄마의 질문에 다음과 같이 대답했다.

"거실 교육을 하려고 하는데, 책상을 어떻게 배치하면 좋을까요? 거실 중앙에 놓을지, 아니면 벽에 붙일지 고민이에요. 그리고 아직 공부하는 자세가 잡히지 않은 아이는 어떻게 지도하면 좋을까요?"

"물론 거실 교육에서 공부는 중요해요. 하지만 저희는 공부를 덤이라고 생각해요. 지금은 아이들이 어려서 아무것도 모르는 듯 보여도, 자기가 책을 읽고 공부하면 엄마와 아빠가 웃으면서 좋아한다는 사실을 다 알고 있습니다. 아직 어린아이와 함께 지금 당장 거실에서 해야 할 일은 좋은 관계를 형성하는 것입니다. 부모와 원만한 관계를 형성한 아이는 커가면서 자신이 무엇을 해야 할지, 뭘 하면 부모님이 웃을지 저절로 알게 되거든요. 그때가 되면 아이는 따뜻한 기억이 가득한 거실의 힘으로 공부하게 될 겁니다. 그래서 공부는 '덤'입니다."

2012년, 우리 가족이 거실 교육을 시작할 때 아이들은 7살, 5살이었다. 그때까지만 해도 아이들의 활동은 놀이와 독서가 대부분이어서 거실도 그에 걸맞은 모습이었다. 이후로 아이들이 커가면서는 점점 공부가 주된 활동이 되었기에 거실도 그에 맞춰 변화해갔다. 사실 우리 부부도 처음에는 거실 교육의 최종 목표를 부모와 아이가 함께하는 공부와 독서라고 생각했다. 하지만 14년이 지난 지금, 거실 교육의 '제값'은 '일상의 공유'라는 사실을 알게 되었다.

우리 가족은 거실에서 다 같이 차를 마시고, 보드게임을 하고, 농담을 건네기도 하며, 서로 물을 가져다주는 등 심부름을 해주기도 한다. 누군가 지나가다가 책상에 다리를 부딪치면 조심하라고 걱정하기도 한다. 별것 아닌 한마디에 다 같이 까르르 웃기도 한다. 일상을 공유하면서 점점 정이 들어간다. 너무나 자연스럽게 부모와 아이 간에 좋은 관계가 형성되는 것이다. 단단하게 잘 만들어진 부모와 아이의 관계는 아이가 커가면서 힘든 일을 마주할 때마다 앞으로 나아가는 힘이 되어줄 것이다.

거실 교육에서의 아이들 관계

이번 꼭지는 아이가 2명 이상인 가정에 필요한 내용이므로 외동아이를 둔 가정에서는 읽지 않고 그냥 넘어가도 괜찮다. 거실 교육을 준비 중이거나 하고 있는데, 아이들의 나이 차이가 어느 정도 날 때 관계를 어떻게 형성하면 좋을지에 대한 내용이기 때문이다.

어느 날, 우리 가족을 보고선 거실 교육을 시작한 지인이 고민을 털어놓았다. 첫째가 8살, 둘째가 1살로 나이 차이가 꽤 크다 보니, 첫째가 거실에서 책을 읽거나 공부하는 데 둘째가 방해 요소로 작용한다는 것이었다. 이왕 거실 교육을 시작했으니 계속 잘해보고 싶은데, 도대체 어떻게 해야 할지 막막하다고 했다.

이럴 때는 우선 자연스럽게 놔두고 지켜봐야 한다. 첫째가 수능을 준비하는 고등학생이라면 거실을 무조건 공부 분위기로 만들어야겠지만, 아이들이 어리다면 공부보다는 거실에서 온 가족이 편하게 각자 하고 싶은 일을 하면서 지내는 것이 주목적이기 때문이다. 그리고 동생과의 관계 형성도 중요하다. 첫째가 하는 일을 방해한다고 어린 동생을 혼내거나, 반대로 뻔히 동생이 방해하고 있는데 첫째한테 무조건 네가 참으라고 한다면, 아이들은 서로로 인해 피해를 본다고 생각하게 된다. 그러니 아이들이 생활하는 데 크게 불편하지 않다면 서로 천천히 자연스럽게 적응하면서 지낼 수 있도록 지켜봐야 한다.

남편은 4형제 중 장남으로 막냇동생과 6살 차이가 나는데, 어릴 적에 동생들 때문에 힘들었던 기억은 별로 없다고 한다. 나는 6번째 딸로, 나이 차이가 큰 언니들이 여러 명이지만 그 관계가 크게 불편했던 기억은 역시 거의 없다. 돌이켜 보면 나는 어릴 때 언니들을 따라 하기를 좋아했다. 어린아이가 형, 누나, 오빠, 언니의 행동을 따라 하고 싶은 것은 자연스러운 일이다. 첫째가 부모를 따라 하는 것과 비슷하다. 그런데 이렇게 자연스러운 일을 부모가 부자연스럽게 만드는 경우가 꽤 많다. 동생에게 "형이 하는 거 방해하지 마", 형에게 "동생이니까 그럴 수도 있지. 네가 이해해"라고 말하는 것은 적절하지 않다.

아이들은 서로 다투거나 언쟁하면서 성장한다. 당연히 각자의 개성이 있기에 서로 이해하지 못하는 생각과 행동이 있기 마련이다. 이때 부모가 한쪽 편만 들어서 옳다고 이야기한다면, 아이들 사이의 원활한 관계 형성에 도움이 되지 않을 것이다. 부모가 서로 다른 성격을 지닌 자녀를 인정하고 존중한다면 형제, 자매, 남매는 커가면서 둘도 없는 친구가 될 것이다. 세상에 부모 외에 자기를 아주 잘 아는 또 다른 사람이 생기는 셈이다.

우리 부부는 수와 현이 다툴 때마다 누구의 편도 들지 않으려고 노력했다. 다툼을 듣고 각자 하는 이야기에 공감만 해줬다. 이런 일들이 계속 쌓이다 보니, 나중에는 아이들이 저절로 상대방이 틀린 것이 아니라 서로 생각이 다르다는 사실을 알게 되었다.

거실을 채우는 아버지 효과

아빠의 이야기

한 유튜브에서 우연히 보게 된 거실 교육 관련 영상에서 진행자가 한 말이 가슴 깊숙이 남았다.

"아빠는 무슨 죄예요. TV에 나오는 사례 같은 경우에는 아버님께서 전문직에 종사하시고, 출퇴근이 일정하시고, 또 공부에 뜻이 있는 분이라 상관이 없지만, 일반적인 샐러리맨 아버님들은 대부분 아침 일찍 출근했다가 밤늦게 집에 돌아와요. 그런데 집에 돌아와 좀 쉬면서 TV라도 보고 싶은데, 거실 교육을 하면 거실에서 아이들이 공부하고 있으니까 TV는 방 안에 들어가서 몰래 봐야 해요. 자연스럽게 아빠는 방에 고립되는 거죠."

| 나 | 이 이야기의 아빠가 나 같지 않아?

| 아내 | 맞아, 그러네. 당신 이야기 같아.

| 나 | 내 생각에는 샐러리맨 아빠들이야말로 거실 교육이 더 필요한 것 같아. 가족들과 함께 보내는 시간이 적으니까 퇴근해서라도 같이 있으면 좋을 것 같은데, 아무래도 쉽지 않겠지?

| 아내 | 그렇긴 한데, 그 이야기 있잖아. 하버드 학생 이야기!

《아버지 이펙트》라는 책에서 읽었던 이야기다. 미국 하버드대 교육대학원 학생 중 외모나 성격이나 실력이 그다지 뛰어나지 않는데도 행복해 보이는 학생들이 있었다. 이들을 조사한 결과, 부모가 그들을 양육하며 가장 중요하게 여긴 가치에 놀랍게도 공통점이 있었다. 바로 '아버지 효과Father Effect'였다. 그중 형제자매가 8명이나 되는 학생이 있었는데, 그에게는 항상 따뜻하고 밝은 기운이 감돌았다. 그는 눈시울을 붉히며 아버지에 대해 이렇게 말했다.

"아버지는 자동차 정비공이셨습니다. 아침 일찍 일하러 나가셨다가 집에 밤늦게 들어오시는 경우가 많았습니다. 아버지가 돌아오시면 집 안에는 땀 냄새와 기름때 냄새가 진동했고, 손은 늘 새까맸습니다. 그런데 아버지는 그렇게 힘겹게 일하고 돌아오셨는데도 8명의 아이 모두와 일주일에 1번은 개인적인 시간을 가지려고 노력하셨습니다. 어린 시절 저는 아버지 무릎에 앉아 주름 사이에 기름때가 낀 아버지의 손을 물수건으로 닦아드리면서 오늘 하루 동안 좋았던 일과 안 좋았던 일을 이야기했습니다. 그 시간은 저의 일과 중 가장 하이라이트였습니다. 아버지 역시 저에게 '이렇게 너와 얼굴을 맞대고 이야기하는 것이 나에게도 오늘의 하이라이트다'라고 말씀하셨습니다. 아버지의 그 말씀은 몇십 년이 지난 지금도 잊을 수가 없습니다."

나는 불량 아빠 시절에는 '출퇴근이 일정하지 않은, 일주일에 6일간 회식하는 아빠', '공부에는 뜻이 없는, 책을 1년에 단 1권도 읽지 않는 아빠'였다. 거실 교육을 시작한 곳인 지금의 집으로 이사를 올 때 아내는 내 방을 따로 만들어줬다. 처음에 나는 그 방에 들어가서 책도 읽고 컴퓨터 게임도 했다. 그런데 일주일이 채 되지도 않아서 거실로 나왔다. 그 이후로는 쭉 거실에서 지내고 있다(현재 내 방은 창고로 쓴다).

퇴근하고 집에 오면 거실에 가방을 내려놓고 가장 먼저 아이들이 뭘 하는지 구경한다. 저녁을 먹고선 잠깐 안방에서 TV를 보거나 침대에 누워 휴식을 취한다. 그러다 마치 참새가 방앗간을 지나치지 못하듯이 이내 거실로 나온다. 아이들 옆 책상에 앉아서 책을 읽거나 공부하는 아이들을 방해하지 않는 선에서 이야기를 건넨다. 아이들은 나에게 종종 심부름을 시키는데, 물을 가져다주거나 갑자기 필요한 학용품을 찾아주거나 등 간단한 일이어서 그냥 해준다.
모든 일은 거실에서 일어나고 나는 그냥 거실에 있다. 잠을 자러 안방으로 들어갈 때까지 거실에 있을 뿐이다. 처음에는 단순히 아이들과 많은 시간을 보내고 싶어서 내 방도 마다하고 거실에 머물기 시작했는데, 14년이 지난 지금까지 거실에서 지내고 있다. '왜 내 방이 있는데 거실에서 지낼까? 단지 아이들의 교육 때문일까? 고단한 하루를 굳이 왜 거실에서 마무리할까?'라고 스스로 질문하다가 결국 하나로 답이 모였다. 내가 거실에서 지내는 이유는 '좋아서'다.

거실에 머물면 편안하다. 나는 거실에서 항상 무엇인가(책을 읽거나, 글을 쓰거나, 차를 마시거나 등)를 하고 있다. TV를 안 봐도 전혀 지루하지 않다. 거실에서는 수와 현이라는 든든한 친구 둘과 아내가 있다. 그래서 나는 거실이 좋다.

Chapter
8

성장하는 거실

아이를 알아간다는 것

우리는 14년 전 지금 사는 집으로 이사 오면서 본격적으로 거실 교육을 시작했는데, 사실 그전에 살던 집에서 첫째 수가 태어나면서부터 거실에서 함께 지낸 시간을 더하면 족히 20년이 넘는다. 거실에서 지내온 지난 시간을 되돌아보며 아이를 키우는 일 전반에 대해서도 정리해보려고 한다. 거실 교육을 오랫동안 실천해온 터라 특별하게 키웠다고 생각할 수도 있겠지만, 우리 부부가 두 아들을 키웠던 과정은 지극히 평범했다. 수와 현을 곁에서 보고, 느끼고, 이해하고, 소통하고, 웃었을 뿐이다. 아이를 키우는 일은 '아이를 알아가는 과정'이다. 거실 교육을 한 지 14년, 이제야 우리 부부는 엄마와 아빠로서 수와 현을 어렴풋이 알 것 같다.

수는 혼자 하는 것을 좋아하고, 현은 같이하는 것을 좋아한다.

수는 떡볶이를 먹을 때 어묵을 좋아하고, 현은 떡을 좋아한다.

수는 코카콜라를 마시고, 현은 펩시콜라를 마신다.

수는 오래달리기를 잘하고, 현은 100m 달리기를 잘한다.

수와 현은 둘 다 잘 웃고, 늦게 자고, 게임과 힙합을 좋아하고, 웹 소설을 보고, 보드게임을 즐기고, 호기심이 왕성하고, 겁이 많고, 그리고 긍정적이다.

아이는 매일매일 변한다. 키와 몸무게는 물론 목소리, 심지어 생각과 행동도 변한다. 좋아하는 것과 싫어하는 것, 하고 싶은 일과 하고 싶지 않은 일도 변한다. 하루하루가 새롭다. 아이의 미묘한 변화를 알기 위해서는 부모가 아이와 함께해야 한다. 부모와 아이가 서로 함께하는 시간과 공간 속에서 부모가 행복을 느끼면, 아이도 행복한 부모를 보면서 따뜻함을 느낄 것이다. 그리고 이 따뜻함으로 아이는 건강하게 성장할 것이다. 그렇다고 너무 조급해하지는 말자. 천천히 알아가면 된다. 아이가 성인이 되기 전까지 서로를 조금씩 알아가면서 신뢰를 쌓는 과정은 가족의 평생 행복을 위한 든든한 밑바탕이 되어줄 것이다. 나는 거실 교육이야말로 그 과정을 채우는 가장 좋은 방법이라고 굳게 믿고 있다.

"여러분의 아이는 몇 살인가요?"

"여러분은 하루 중 얼마나 가족이 모두 한곳에 모여 함께 시간을 보내나요?"

"여러분들은 아이에 대해 얼마나 알고 있나요? 지금 종이에 적는다면 무엇을 적을 수 있나요?"

"만약에 알고 있는 게 별로 없다면, 그래서 더 알고 싶다면, 지금 당장 하루 30분 함께 있는 시간의 힘을 느끼도록 거실 교육을 시작해보는 건 어떨까요?"

부모와 아이가 함께 성장한다는 것

5살 딸을 키우는 지인이 걱정을 토로했다.

> "아이가 5살이나 되었는데도 저는 정말 아무것도 모르겠어요. 하나의 미션이 끝나면 다른 미션이 생기고, 또 다른 미션이 생기고… 육아가 너무 힘들고 아이에게도 미안해요."

언젠가 우리 부부는 손경이관계교육연구소를 이끄는 손경이 박사님을 좋은 기회로 만나 뵌 적이 있다. 그리 길지 않은 시간이었지만 다음과 같은 말씀이 가장 기억에 남는다(5살 딸을 키우는 지인의 걱정과도 맞닿아 있다).

"요즘 아이들은 매우 빨리 성장하고 변화해요. 부모도 아이가 성장하는 만큼 같이 성장해야 하는데, 그렇지 못한 경우가 많아요. 부모에게도 끊임없는 노력이 필요해요."

부모도 부모 역할이 처음이다. 아이가 1살이면 부모도 1살, 아이가 5살이면 부모도 5살인 셈이다. 우리 부부는 아이들이 대학생, 고등학생이 되기까지 거실 교육을 하면서 아이들을 알아가고, 이해하고, 존중하게 되었다. 그 과정에서 정말 많은 시행착오를 겪었다. 노력도 많이 하고, 반성도 많이 하며 아이들과 함께 성장했다. 아이를 키우는 일이 힘들기만 하고, 잘하고 있는지 걱정되고, 아이에게 미안해하는 부모님들에게 부모 역할을 조금 더 길게 한 사람으로서 이렇게 말해주고 싶다.

"지금 그 정도면 충분합니다. 아이가 7살이라면 부모도 7년 차 부모의 역할을 할 수 있는 정도면 됩니다. 부모도 아이와 함께 성장하면 됩니다. 거실 교육은 부모가 아이를 일방적으로 가르치는 시간과 공간이 아니라 함께 배우고 성장하는 과정입니다."

우리가 14년간 거실 교육을 하면서 부모와 아이가 함께 성장하는 데 꼭 필요하다고 생각했던 요건들을 정리해 소개하고자 한다.

1 자연스럽게 소통하고 공감한다

부모는 아이의 생각과 감정을 열린 마음으로 받아들이고 공감해야 한다. 그래야 아이도 자기 의견을 자유롭게 표현할 수 있다. 부모는 매사에 가르치려는 자세보다는 모범이 되어 보여주고 대화를 통해 소통하려는 자세를 가져야 한다.

- **예시 활동:** 하루 동안 있었던 일에 대해 부모와 아이가 이야기하는 '오늘의 하이라이트' 시간을 갖거나, 가족 토론 시간을 만들어 특정 주제를 정해 이야기를 나눈다.

2 일상 속에서 함께하며 배운다

부모와 아이가 거실에서 함께 책을 읽고 공부나 놀이 등 각자 하고 싶은 일을 하면 거실은 배움의 공간으로 재탄생한다. 이때 중요한 것은 억지로 공부하는 분위기가 아니라 자연스럽게 배움이 이뤄지는 환경을 조성하는 것이다.

- **예시 활동:** 책 읽고 토론하기, 보드게임이나 카드 게임 하기, 역사나 과학 영화를 보고 이야기 나누기 등을 진행한다.

3 아이의 호기심을 존중하고 지지한다

아이가 관심을 보이는 주제(공룡, 우주, 곤충, 자동차 등)를 부모가 지지해주면 아이는 더욱 깊이 탐구할 수 있고, 부모도 색다른 배움의 경험을 가질 수 있다.

- **예시 활동:** 질문 노트를 만들어서 아이가 궁금한 점을 적고 함께 답을 찾아보는 시간을 가진다. 공원에서 식물과 곤충을 관찰하거나 박물관이나 과학관을 방문하여 체험하는 것도 좋다.

4 부모도 스스로 성장하기 위해 노력한다

부모에게도 아이와 함께 배우겠다는 자세가 필요하다. 부모가 먼저 책을 읽고 새로운 지식을 접하며 배움을 즐기는 모습을 보여주면 아이도 그 모습을 보면서 배운다. 배움을 통해 부모가 정서적으로 성장하면 아이의 발달이나 성과에 집착하지 않게 되는 효과도 있다.

- **예시 활동:** 부모도 관심 있는 분야의 책을 읽거나 강의를 들으면서 아이와 함께 공부한다.

최고의 투자, 더할 나위 없는 아웃풋

아이는 아무리 열심히 키워도 딱히 티가 나지 않는다. 화려한 결과물이 없다고나 할까(입시 결과는 논외로 한다). 눈에 보이는 결과라고는 커가는 아이의 모습, 아이의 웃는 얼굴, 그리고 그 모습을 보고 행복했던 추억 정도다. 드라마틱한 결과가 보이지 않는 일, 우리 부부에게는 아이를 키우는 일이 그랬다. 그래서 육아가 어렵기만 하고 또 다른 과제처럼 여겨졌다. 열정이 생기지 않았고 재미도 없었다.

그런데 우리 부부는 거실 교육을 통해 아이들 곁에 항상 머무르면서 달라졌다. 아이들과 몸과 마음으로 친해졌고, 인생의 동반자로 친해졌으며, 또 공부로 친해졌다. 만약 거실 교육을 하지 않았다면 우리 부부는 아이들과 이렇게까지 친해지지 못했을 것이다. 그리고 아이들과 친밀한 관계를 형성했기에 부모로서도 많이 성장할 수 있었다. 즉, 거실 교육이 성장의 시발점이었던 셈이다. 이어지는 내용은 거실 교육 덕분에 부모인 우리 부부가 얻게 된 변화의 모습, 더 나아가 진화에 가까운 성장의 단면이다.

'때문'이 아니고 '덕분'에

아이들과의 즐거운 추억 중 하나는 눈썰매를 탔던 일이다. 우리 부부는 둘 다 제주도에서 태어나고 자라서 스키를 타본 적이 없다. 어렸을 때 동네 가파른 골목길에서 비료 포대를 이용해 썰매를 탔던 추억만이 있을 뿐이다. 나이를 가늠할 수 있는 아주 오래된 기억이다.

제주도의 5.16 도로를 타고 가다 보면 '마방목장'이라는 곳이 나오는데, 겨울마다 사람들은 이곳에서 눈썰매를 많이 탄다. 천연 눈썰매장으로 코스가 길고 경사도 아주 가팔라서 스릴이 넘치는 곳이다. 우리도 아이들이 어렸을 때는 이곳에서 눈썰매를 자주 탔다. 아이들과 함께 푹 빠져서 눈썰매를 타다 보면 마치 어린 시절로 돌아간 기분이 들었다. 둘째 현이 중학교 2학년 때였을 것이다. 마방목장을 지나가다가 눈썰매를 타고 있는 아이들을 보고 물었다.

"현아, 우리도 눈썰매 타러 갈까?"

"엄마 아빠! 저기 봐봐. 애들이나 타는 거야!"

이야기를 듣는 순간 깨달았다. 아이들이 좋아하니까, 아이들이 하고 싶어 하니까, 아이들 '때문에' 눈썰매장에 간다고 생각했는데 그게 아니었다. 우리 부부는 아이들 '덕분에' 눈썰매장에도 가본 것이었다.

특정 나이에만 쌓을 수 있는 추억이 있다. 시간이 지나면 그 추억은 쌓을 수 없다. 거실 교육은 아이와 함께하는 순간이 많기 때문에 쌓을 수 있는 추억 또한 분명히 많을 것이다.

아이의 조언을 기꺼이 받아들이는 부모

거실에서 아이들이 아빠와 함께 방학 계획표를 짜던 날이었다. 남편은 꼼꼼한 성격이어서 계획을 세울 때 매시간 할 일을 정확하게 계산해서 넣는 편이다. 반면에 아이들은 기본적으로 계획 세우기가 서툴고, 그러다 보니 대충대충 한다. 남편은 아이들에게 계획을 세우는 방법을 열심히 설명했다. 공부 계획을 세울 때는 시간에 맞추는 것이 아니라 교과서나 문제집 페이지 수에 맞춰야 효율적이라고 조언하고, 공부 시간, 쉬는 시간, 식사 시간, 샤워 시간까지 정확하게 계산해서 넣어야 한다고 이야기했다. 남편이 한창 열변을 하는데, 첫째 수가 말했다.

"아빠, 그 얘기 벌써 3번째야!"

남편이 같은 얘기를 반복했던 모양이었다. 남편은 4형제 중 장남으로 동생들을 챙기느라 조언과 잔소리를 많이 해서 그런지 반복해서 이야기하는 습관이 있다. 분명 처음에는 도움이 되는 조언이었던 것이 계속 듣다 보면 잔소리로 변한다. 가끔 나도 남편에게 이런 점을 지적했지만, 쉽게 고쳐지지는 않았다. 그런데 어느 순간부터 아이들이 아빠에게 이렇게 말하는 것이었다.

자신을 타박하는 이야기였지만, 남편은 전혀 기분 나빠 하지 않고 곧바로 아이들에게 사과하며 앞으로는 조심하겠다고 말했다. 남편은 아이들의 조언을 받아들여 반복해서 말하는 습관을 고치려고 노력했고, 이제는 거의 하지 않는다. 수와 현 덕분에 확실히 남편은 성장했다. 그리고 아이들의 이야기를 잘 듣기 위해 노력을 해서 그런지 지인들 사이에서도 이야기를 잘 들어주는 사람으로 통한다. 아이들의 말을 무시하거나 그냥 지나치지 않고, 고치려고 노력하는 남편의 모습이 정말 고맙고 멋지다. 물론 아빠의 이런 태도를 아이들도 은연중에 배웠을 것이다.

거실 교육이 가져다준 가장 큰 성장, 책 읽기

거실 교육을 함으로써 아이들이 정말 많이 성장했지만, 부모인 우리 부부도 그만큼 성장했다. 거실 교육 덕분에 가장 크게 성장한 부분을 꼽자면 단연 책 읽기다. 거실 교육을 하기 전, 나도 남편도 책 읽기와는 거리가 먼 사람이었다.

나는 매년 베스트셀러 몇 권 정도, 그 외에 일과 관련된 논문과 보고서 정도만 읽는 사람이었다. 첫째 수를 낳고 육아에만 전념할 때도 별다른 책을 읽지 않았다. 오직 거실에서 아이에게 읽어주는 그림책과 동화책이 전부였다. 지금 생각해보면 당시 하루에 20~30권씩 읽어줬던 그림책과 동화책은 나에게 어떤 변화의 문을 여는 기분 좋은 시작이었다. 나는 좋은 그림책과 동화책을 골라서 아이들에게 읽어주려고 노력하면서 책에 점점 관심을 갖게 되었다. 다행히 아이들도 책을 좋아하게 되어 거실에서 온 가족이 다 함께 책을 읽는 시간이 조금씩 늘어났다. 중고등학생이 된 아이들이 거실에서 공부할 때 나는 그 옆에 앉아서 책을 읽었다. 처음에는 다소 지루했지만 해가 지날수록 익숙해졌다.

남편 역시 학창 시절의 교과서, 대학 시절의 전공 서적, 직업 때문에 필요한 논문 외에는 책이라는 것을 거의 읽지 않는 사람이었다. 그러다가 거실 교육을 시작하고 나서 '아이에게 독서 습관을 들이기 위해서는 부모가 먼저 책을 읽어야 한다'라는 글을 우연히 읽었던 것이 전환점이 되었다. 남편은 자기가 하는 것이라면 무엇이든 따라 하기 좋아하는 아이들에게 책 읽는 모습을 보여줘야겠다고 다짐했다. 그때부터 퇴근하고 집에 돌아와 거실에서 책을 읽으려고 노력했다. 처음에는 학습 만화나 잡지 등 덜 지루하고 페이지가 잘 넘어가는 책 위주로 읽었다. 그러다 보니 점점 독서 습관이 잡혔고, 결국에는 책 읽기가 일상이 되었다.

이제 우리 가족은 휴가 때도 책을 읽는다. 예전에는 휴가지나 카페에서 책을 읽는 사람들을 보면 '왜 굳이 여기까지 와서 책을 볼까?' 하고 전혀 이해가 되지 않았지만, 지금은 그 일을 우리 가족이 하고 있다. 책 읽기야말로 거실 교육이 우리 가족에게 가져다준 가장 큰 선물이자 성장이다.

아이는 부모의 세상을 넓혀주는 존재다

"비와이, 행주, 나플라, 펀치넬로, 릴보이, 조광일, 이영지는 누구일까요?"

Mnet 힙합 경연 프로그램 〈쇼 미 더 머니Show Me The Money〉에서 우승한 뮤지션들의 이름이다. 우리 부부는 거실에서 아이들과 함께 7년 동안이나 이 프로그램을 챙겨 봤다. 그래서일까? 지금은 힙합 음악을 즐겨 듣는 부모가 되었다.

"페이커, 제우스, 쵸비는 누구일까요?"

롤 게임 국가대표의 이름이다. 나는 롤 게임을 직접 해본 적이 단 한 번도 없다. 하지만 아이들이 이 게임을 즐겨 하고 또 즐겨 보다 보니, 지금은 중요한 대회 때마다 온 가족이 재미있게 롤 게임을 관람하게 되었다.

"쫀아, 쫀밤은 무슨 뜻일까요?"

'쫀아, 쫀밤'은 각각 '좋은 아침, 좋은 밤'이라는 뜻이다. 첫째 수가 대학에 들어가 집을 떠나면서부터 우리 부부는 수시로 아들과 문자 메시지를 주고받는다. 아들은 자주 줄임말로 문자를 보내는데, 사실 다 읽고도 무슨 말인지 모를 때가 많다. 이제는 그럴 때마다 당황하지 않고 인터넷으로 검색해본다. 그러면 재미도 있고 의미를 알기 때문에 그다음부터는 아이들과 소통하기 편해진다.

"파이브가이즈는 무엇일까요?"

미국에서 굉장히 유명한 햄버거 프랜차이즈 이름이다. 우리나라에는 2023년 6월 강남에 1호점이 생겼다. 그해 겨울, 온 가족이 서울로 여행을 갔을 때 아이들이 이야기해서 처음 알았고, 아이들이 가보고 싶다고 해서 한참 줄을 선 뒤에 맛볼 수 있었다. 아이들이 아니었다면 우리 부부는 아예 몰랐을 곳이다. 정말 맛있게 먹었던 기억이 난다.

우리 부부는 14년 동안 거실에서 아이들과 함께하면서 점점 아이들의 세상을 알게 되었고, 그 세상을 편견 없이 받아들이기 위해 노력했다. 그러면서 자연스럽게 요즘 아이들은 어떤 생각을 하는지, 그들은 어떤 문화를 즐기는지를 알 수 있게 되었다. 아이들의 세상이 들어오니, 자연히 부모인 우리 부부의 세상도 넓어졌다.

성인이 되어 사회에서 만나 새로 사귄 친구와는 편하게 말을 놓기가 쉽지 않다. 어느 정도 친해지고 나서야 천천히 말을 놓게 된다. 그러다가 어느 순간 서로 선을 넘으면 불쾌해하고 거리를 두며 더는 친하게 지낼 수 없는 경우도 생긴다. 그래서 선을 넘지 말아야 한다. 특히 욱해서 친구에게 화내는 일은 절대 하지 말아야 한다. 겨우 친해진 사이가 멀어지고 또 어색해진다.

둘째 현이 고등학생이 되면서부터였던 것 같다. 여느 때처럼 온 가족이 거실에 다 같이 있었다. 그런데 갑자기 아이들이 남편을 "김석 씨", 나를 "공성애 씨"라고 부르는 게 아닌가.

"김석 씨, 부탁할 게 있어요."

"공성애 씨, 여기로 와서 이것 좀 도와주세요."

우리 부부를 친구처럼 편하게 대하면서 한편으로는 존중하는 느낌, 이전까지 느껴본 적 없는 파격적이고 신선한 감정이었다. 그 때 이후로 아이들은 뭔가 부탁할 일이 있을 때 애교를 섞어 우리 부부를 자주 이렇게 부른다. 그럴 때마다 아이들과 친구가 되어가는 기분이 든다. "김석 씨", "공성애 씨"라고 불러줄 수 있는 사람이 이 세상에 2명이나 생기다니. 우리 부부는 몇 년 전부터 아이들을 동등하게 대했지만, 아이들은 이제야 엄마 아빠와 동등하다고 느끼는 것 같다. 어렵게 맺어진 동등한 관계를 계속 유지하려면 부모 입장에서 반드시 지켜야 할 것이 있다.

부모가 욱하고, 화내지 않는 것!

이것이 가장 중요하다. 부모가 아이에게 욱하지 않는다면 당연히 아이도 부모에게 욱하지 않는다. '아이의 행동은 부모의 거울'이라는 말이 있듯이 아이는 부모의 말과 행동을 그대로 닮아간다. 아이는 부모의 일방적 가르침보다는 행동을 보고 더 많이 배우기 때문에 부모가 어떤 태도를 보이느냐에 따라 아이의 행동과 마음가짐이 형성된다.

거실 교육을 하면서 부모가 아이를 알게 되듯이 아이도 부모를 알게 된다. 어떤 음식을 좋아하는지, 취미가 무엇인지, 누구를 만나는지, 무엇을 어려워하는지 등 많은 것을 알게 된다. 우리 집 아이들은 아빠가 골프와 닭 다리를 좋아하고, LG 트윈스의 팬으로 야구 보는 것을 좋아하며, 독서를 즐기고, 글을 쓰며, 건강에 대해서는 잘 알지만, 핸드폰 기능은 잘 모른다는 것을 안다. 엄마는 닭 날개와 와인을 좋아하고, 운동은 보는 것만 좋아하며, 독서를 즐기고, 틈틈이 사경을 쓰며, 영화를 좋아한다는 것을 안다.

거실 교육 덕분에 우리 부부에게는 2명의 새로운 친구가 생겼다. 우리는 부모라는 이름으로, 자식이라는 이름으로 서로 친구가 되어 오늘도 함께 계속 성장하고 있다.

2명의 새로운 멘토와 함께 여는 미래

아빠의 이야기

나는 지금까지 인생에서 큰 결정을 3번 정도 했는데 그때마다 아버지에게 조언을 구했다. 아버지는 나만을 위한 말씀을 해주셨고, 그 말씀은 언제나 결정에 큰 영향을 미쳤다. 아이들이 성인이 되어 세상으로 나가면 분명 어려움을 겪을 것이다. 힘든 결정을 해야 하거나 고민이 생겼을 때, 그때마다 생각나는 사람이 바로 나, 아빠였으면 좋겠다.
이런 생각으로 나는 아이들에게 "너희 앞에 그 어떤 일이 생기든 아빠는 항상 너희 편이야"라고 말하며, 아이들이 가장 먼저 나를 떠올리도록 아부하는 아빠로 살고 있다. 아이들에게 가장 믿음직한 멘토가 되어줘야겠다고 생각하면서 말이다.

우리 부부는 부모로서 아이들에게 많은 조언을 건네지만, 반대로 중고등학생이 되면서부터는 아이들도 우리 부부에게 많은 조언을 해준다. 그것도 아주 솔직하게 직설적으로 한다.

"아빠, 그건 아빠 생각이지."
"아빠, 그렇게 말하면 꼰대야."
"아빠, 그 말은 벌써 3번째야."
"엄마, 목소리가 너무 커."

"엄마, 별일 아닌데 과잉 반응하지 마."

"엄마, 충동 구매하지 마."

요즘에 우리 부부는 무엇이든지 하다가 잘 모르거나 새로운 것을 알고 싶을 때면 검색을 하는 대신 아이들에게 먼저 물어본다. 아이들은 구글, 네이버, 유튜브, 생성형 AI보다 더 빠르고 친절하게 질문자의 수준에 맞는 설명을 바로 해준다.

인생에 고민이 있을 때 나는 엄마나 언니들에게, 남편은 부모님에게 조언을 구한다. 이때 조언은 한 방향이다. 먼저 물어봐야지만 조언을 들을 수 있지, 알아서 조언을 주시지는 않는다. 친구들도 마찬가지다. 나이가 드니 친구들을 만나도 선뜻 조언을 건네기가 어렵다. 그만큼 조심하는 나이가 된 것이다. 하지만 다행스럽게도 우리 부부에게는 조언을 직설적으로 해주는 멘토 2명이 생겼다. 바로 우리 아이들이다.

노년이 되면 분명 외롭고 쓸쓸한 면이 있을 것이다. 하지만 우리 부부는 미래가 그리 두렵지 않다. 오히려 기대되기도 한다. 지금까지 거실 교육을 하면서 아이들과 잘 지내왔고, 앞으로도 친구처럼 잘 지낼 것이라고 믿기 때문이다. 우리 부부는 수와 현이 결혼해서 아이를 낳고 손자들과도 역시 거실에서 함께 시간을 보내는 모습을 종종 상상한다. 그 상상을 현실로 실현시키기 위해서 우리 부부는 지금도 거실에서 아이들과 함께 많은 시간을 보내고 있다.

거실에서 아이들과 함께한 시간 덕분에 우리 부부의 삶 또한 많은 것이 달라졌다. 거실에서 아이들과 함께 책을 읽다 보니 어느새 독서는 우리의 일상이 되었고, 아이들의 생각과 문화를 접하다 보니 우리의 세상까지 한층 더 넓어지고 있다. 또 우리 부부에게는 우리를 가장 잘 아는 2명의 친구, 언제나 스스럼없이 조언을 해주는 2명의 멘토가 동시에 생겼다. 그렇게 우리는 함께 배우고, 또 함께 성장하고 있다.

그렇다. 우리 가족의 이 모든 여정은 거실에서 시작되었으며 지금도 여전히 진행 중이다.

SPECIAL PART

아이가
주인공인
거실 교육

Page
1

아이의 이야기

첫째 수가 쓴 글에 '아이의 이야기'라는 제목을 붙여 따로 싣는다. 수는 2012년부터 2023년까지 거실 교육을 직접 경험하면서 누구보다 거실에 오랫동안 머물렀고, 거실 교육을 가장 잘 이야기해줄 수 있는 당사자다. 수의 글을 통해 아이의 시선에서 거실 교육을 어떻게 느끼고 바라보는지 살펴보기를 바란다.

나는 19살이다. 초등학교 1학년 때 지금 사는 집으로 이사 오면서 거실 교육이 시작되었으니 10년이 넘는 시간 동안 거실 교육을 경험한 셈이다. 그동안 부모님과 많은 이야기를 했고, 서로의 의견이 갈리는 부분 또한 아직 존재한다. 무엇이 정답이라고 말할 순 없겠지만, 내 이야기를 토대로 아이는 거실 교육을 어떻게 받아들이고 생각하는지 각 챕터별로 살펴보면 좋겠다.

거실 교육

우리 가족이 처음으로 거실 교육을 시작한 시기는 내가 7살 때부터였지만, 사실 내가 느끼기에 거실 교육을 본격적으로 하게 된 계기(내 생각에는 그렇다)는 내가 중학교 1학년 때 치른 중간고사에서 문제가 생겼기 때문이다. 나는 어렸을 때부터 책을 좋아했다. 초등학생 시절부터 학교 도서관을 거의 혼자 전세 내듯이 들락거렸고, 이는 중학교에 와서도 이어졌다. 이러한 과정에서 흥미로운 책을 만나면 그 책에 몰두했고, 수업 시간이든 쉬는 시간이든 책을 보곤 했다. 그래서 선생님들과 여러 번 갈등을 겪었고, 수업을 열심히 듣지 않는 일이 다반사였다. 어느덧 다가온 중간고사, 나는 내 방에서 열심히 공부를 시작하려고 했었다(거실에도 책상이 있었고, 내 방에도 책상이 있어서 부모님은 어디서 공부를 하든지 나에게 선택권을 주셨다).

초등학교 시절 시험에서 항상 좋은 성적을 받았기 때문에 중학교 시험도 별반 다르지 않을 거라는 안일한 생각을 하고 있었다. 그래서 시험공부를 하는 척하면서 방문을 잠그고 책을 읽기 일쑤였다. 그런데 아뿔싸, 중간고사에서 기대에 한참 미치지 못하는 성적을 받게 되었다. 부모님도 실망하셨지만 내 자존심도 크게 타격을 받았다. 주위 친구들을 보면서 내심 나보다 공부를 잘하는 친구가 한 명도 없다고 생각해오던 터였다. 부모님은 자만했던 나를 꾸중하셨고, 왜 이런 결과가 나왔는지에 대해 많은 이야기를 나눴다. 그래서 앞으로 공부는 거실에서 해보자고 부모님과 약속을 했고, 그때부터 학교 수업도 더 열심히 들었다. 이렇게 바꾸고 나니 성적은 다시 내 기대만큼 오르게 되었다. 그때 이후 우리의 진짜 거실 교육이 시작된 것 같다.

이후 거실 교육이 다시 우리 집의 화두로 등장한 것은 내가 수능 공부를 시작하면서였다. 고등학교 때는 기숙사 생활을 하느라 잠시 거실에서 멀어졌었는데, 수능 공부는 집에서 했기 때문이다. 수능 공부를 할 때 부모님이 가장 먼저 꺼낸 말씀은 거실에서 공부해보자는 것이었다. 흔쾌히 순응하는 마음은 들지 않았지만, 과거의 경험 때문에 받아들이게 되었다. 인제 와서 다시 생각해보니, 만약 거실이 아닌 방에서 혼자 공부했더라면 나는 입시에서 좋은 결과를 얻지 못했을 것이다. 부모님은 거실에서 아이가 공부하면 응원해줄 수 있어 으쌰으쌰 힘내는 효과가 있다고 말씀하신다. 하지만 자식 입장에서 돌이켜 보니 가장 중요했던 것은 나 자신을 숨기지 않고 보여줄 수 있었다는 것이다.

공부하는 거실

공부에 관한 이야기다. 이 책의 전반적인 내용은 거실 공부의 효용성을 말하는 것이고, 거실 교육을 통해 부모와 아이가 상부상조하면서 하하 호호 가정을 행복하게 만든다는 것이다. 그러나 나는 아이 입장에서 조금 더 현실적으로 거실 교육이 어떤 효과가 있는지를 이야기하려고 한다.

거실 교육의 가장 핵심적인 요소는 통제라고 생각한다. 너무 직설적인 이야기일지도 모르지만, 사실 아이에게는 감시할 사람이 필요하다. 적어도 나는 그렇다. 방에서 혼자 공부했더라면 어떤 방식을 써서라도 최대한 공부 시간을 줄이고, 다른 재미있는 활동을 하기 위해서 몸부림쳤을 것이다. 그러나 거실에서 공부함으로써 그럴 수 없었다. 적어도 내가 책상에 앉아서 공부하는 시간은 부모님과 함께 공부한 셈이다. 물론 공부하는 도중에도 다른 생각을 하긴 했는데, 특히 수능을 잘 친 나의 모습을 자주 상상했다. 나는 거실에서 보내는 시간 대부분을 공부하는 데 투자했고, 이는 매우 큰 자산이 되었다.

내 주변만 봐도 사실 혼자서 열심히 공부할 만큼 자제력이 있는 학생은 5%도 채 안 된다고 생각한다. 공부하러 독서실에 간다고 해 놓고선 정작 친구들과 수다를 떨거나, 공부하는 도중에 틈틈이 SNS를 확인하기도 한다. 나는 유명한 기숙 재수 학원도 잠깐 다녔었는데, 심지어 그곳에서조차 공부 이외의 용도를 제한한 태블릿 PC의 보안을 꾸역꾸역 뚫어가며 딴짓하는 학생들이 있었다. 그런데 거실 교육은 부모님이 직접 아이를 뚫어져라 쳐다보며 감시하지는 않지만, 부모님이 언제든지 볼 수 있는 열린 환경에서 공부함으로써 딴짓할 여지는 이미 기대 이상으로 줄어든다. 결국, 이런 환경에서 공부에만 오롯이 쏟은 노력이 공부 근육을 만들었다고 생각한다.

여기까지가 조금 어둡긴 해도 현실적인 이야기였고, 이제는 내가 수능을 대비하면서 쌓은 나의 과목별 공부 노하우를 조금 이야기 해보도록 하겠다.

국어는 사실 어릴 때가 가장 중요하다. 막말로 수능 국어는 누가 어린 시절에 책을 많이 읽었는지를 경쟁하는 대회다. 나는 어렸을 때부터 책을 많이 읽었는데, 이것이 수능 국어 비문학에서 그대로 나타났다. 사실 나는 어린 학생들에게 너무 무리한 선행 학습을 시키는 것은 좋지 않다고 생각한다. 그러나 어린 학생들이 읽는 책 한 권 한 권은 그대로 그 학생들의 생각 근육이 되기에 책은 가능한

한 만화책도 좋으니 어떠한 방식으로라도 많이 읽히는 것을 적극적으로 권장한다.

수학은 문제를 많이 푸는 것이 가장 중요하다. 과학도 마찬가지인데, 수능에서 평가하는 수학과 과학은 지적 능력이 아닌 문제를 푸는 스킬이다. 물론 개념을 정확하게 이해하고 완전히 습득하는 것도 중요하지만, 문제를 푸는 양, 흔히 양치기라고 부르는 그것이야말로 뼈가 되고 살이 된다.

마지막으로 영어는 모두가 알다시피 단어가 중요하다. 나는 어렸을 때 단어를 외우라는 부모님의 말씀이 그렇게 싫었다. 하지만 수능을 쳐보니 많은 학생이 수능 지문을 독해하는 능력이 부족해서가 아니라 단어를 알지 못해서 틀리는 경우가 훨씬 많다는 걸 알았다. 조금씩이라도 좋고 완벽히 외우지 않아도 좋으니 영어 단어와 그 뜻을 자주 봐두자.

독서하는 거실

내가 지겹도록 강조한 독서 이야기다. 비단 수능을 잘 보기 위해 독서를 하라는 말이 아니다. 앞으로의 삶에 있어서 독서는 너무나도 도움이 된다. 사람들은 독서를 통해서 얻은 정보가 인생에 도움이 될 거라고 기대하지만, 내가 생각하기에 이는 부차적인 요소일 뿐이다. 내가 생각하는 독서의 효용은 분석력이다. 어떤 책을 읽든지 그

책에는 줄거리가 있다. 줄거리를 이해하는 과정에서 분석력은 의식하지 않더라도 자연스럽게 길러진다. 이렇게 길러진 분석력은 인생의 모든 곳에서 쓰이는데, 특히 새로운 무언가를 이해하는 데 정말 많은 도움이 된다.

수능을 치르기 위해 배우는 모든 내용에는 사실 인과가 있다. 책을 많이 읽은 사람이라면 왜 이런 공식이 있는지, 어째서 이 보기가 이런 뜻을 함축하는지, 문제와 선지에 대한 논리적 분석을 더 쉽게 하게 되고, 이런 과정이 결국 성적으로 나온다. 책을 많이 읽으면 좋다는 것은 부모님이라면 다 알 것이다. 중요한 것은 아이가 책을 좋아하게 만드는 것이다.

부모님은 내가 어릴 때 나를 무릎 위에 앉히고 매일 책을 읽어 주셨다. 이러한 장면이 지금의 나를 만들게 된 계기가 아닌가 싶다. 만약 아이가 어리다면 힘들더라도 꼭 동화책이나 다른 책들을 읽어 주면 좋겠다.

다음은 조금 큰, 초등학생 즈음의 나이다. 나는 이때 만화책에 푹 빠졌었다. 지금도 우리 집에는 만화책들이 쌓여 있는데, 사실 만화책에 대해서 부정적으로 인식하는 부모님들이 많다. 하지만 나는 만화책도 충분히 좋은 독서가 될 수 있다고 강력하게 주장하고 싶다. 만화책을 읽다 보면 자연스럽게 다른 책도 건드리게 되기 마련이다. 만화책도 핵심적인 줄거리를 이해하려면 글을 읽어야만 한다. 글자를 읽고 생각하는 과정을 놓고 본다면 만화책은 두꺼운 책을 읽기 위한 기초 준비인 셈이다.

마지막으로 두꺼운 책을 읽을 준비가 된 중학생 이후다. 이때부터는 사실 책을 읽을 시간이 그렇게 많지는 않다. 학교 시험을 준비해야 하고, 또 친구들과 취미 생활도 즐기느라 시간이 부족하기 때문이다. 그러나 나는 부모님이 보상을 걸어서라도 아이에게 책을 읽히는 방법을 추천한다. 예를 들어, 책을 다 읽으면 자유롭게 쓸 수 있는 시간이나 용돈을 준다고 하는 것이다. 동기 부여가 되는 어떠한 요소라도 좋다. 고전 명작부터 최신 웹 소설까지, 어떠한 종류의 책이든 상관없이 읽으면 된다. 나는 그것이 아이의 피가 되고 살이 된다고 생각한다.

놀이하는 거실

사실 이 책에서 다룬 게임에 관한 이야기는 지엽적인 부분이 많다. 물론 시대가 점차 발전하면서 대부분의 남자아이들은 온라인으로 게임을 즐긴다. 하지만 여자아이들은 자신의 취향에 따라 게임 말고 다른 취미를 즐기는 경우도 많다. 따라서 나는 게임을 넘어 취미에 관해 이야기하려 한다.

과연 건강한 취미란 존재하는 것일까? 많은 부모님은 운동이 게임과 비교해 더 괜찮은 취미라고 이야기하곤 한다. 나도 이에 대해서 어느 정도는 공감한다. 그러나 과몰입하는 것은 어떤 취미든지 문제가 될 수 있다. 만약 무작정 취미 시간을 줄이고자 아이에게 강압적으로 "너 하지 마!"라는 식으로 명령한다면, 오히려 상황은 더 악화될 것이다.

중요한 것은 부모와 아이가 합의하는 것이다. 아이에게 죄책감 없이 취미 생활을 즐길 시간을 제공함과 동시에, 취미 생활에 매몰되지 않는 적절한 시간 배분으로 아이를 이끄는 것이다. 하지만 많은 부모님이 이렇게 약속을 했는데도 아이가 계획한 시간을 넘겨서 취미 생활(특히, 게임)을 할까 걱정한다. 즉, 서로 합의한 내용이 휴지가 되는 상황을 두려워한다. 이러한 맥락에서 이 책에서 언급한 내용인 거실에 데스크톱 컴퓨터를 설치하고, 핸드폰이나 태블릿 PC로 게임하는 것을 막는 것은 좋은 방법이라고 생각한다.

게임 개발자들은 사람들이 게임에 시간을 쏟고 또 쏟아도 계속하고 싶도록, 어떻게 해야 그렇게 될지 연구하는 데 모든 시간을 투자하는 사람들이다. 그렇기에 부모님이 아이의 게임 시간을 절대적으로 통제하기란 사실상 불가능에 가깝다. 실현 가능한 목표로 할 수 있는 것은 아이의 게임 시간을 부모님이 통제 가능한 범위 내에 두는 것이다.

이를테면 나는 초등 3학년 때 일주일에 게임을 2시간만 하기로 부모님과 약속했다. 하지만 날이 갈수록 게임 시간이 점점 늘어났고, 정해진 시간을 넘겨 부모님에게 꾸중을 들을 때도 많았다. 여기서 중요한 것은 게임을 할 때마다 약속 시간을 조금씩 넘기고, 가끔 공휴일에는 특별하게 좀 더 했음에도 게임 시간은 언제나 부모님의 통제하에 있었다는 사실이다. 만약 내가 핸드폰으로 게임을 했더라면 게임 시간은 눈덩이처럼 불어났을 것이고, 고등학생이 되어 갑작스럽게 줄이기가 더욱 힘들었을 것이다.

결국 내가 말하고 싶은 것은 아이와 게임 시간을 합의하는 과정에서 예상보다 더 많은 시간을 준다든가, 아이가 이미 시작한 게임을 끝내기 위해 약속했던 시간보다 20분쯤 더 게임을 하는 것은 그렇게 큰 위험 요소가 아니라는 사실이다. 이런 일들로 아이와 실랑이하기보다는 아이의 게임 시간은 모두 부모님이 확인한다는, 더 큰 요소를 중요하게 생각해야 한다.

휴식하는 거실

거실 교육에서 거실은 단순히 공부를 위한 장소뿐만 아니라 아이와 소통하고 나아가 아이가 편히 지낼 수 있는 곳이다. 우리 가족은 거실에 있는 소파에 누워서 책을 읽기도 하고, 동생이 공부하면 부모님이 안마해주기도 하고, 다 같이 보드게임을 하는 등 거실에 모여서 여가를 즐긴다. 이렇게 거실에서 가족이 다 같이 쉬면서 부모와 아이가 더 가까워지는 계기가 만들어지는 것 같다.

소통하는 거실

앞서 딱딱한 공부 이야기를 먼저 했지만, 사실 여러 성현의 말씀을 빌리자면 공부는 인생의 전부가 아니다. 아이에게 공부하라고 압박을 너무 심하게 해서 아이가 성인이 된 이후에 부모님과 연락조차 하지 않는다는 비극적인 예가 꽤 있다. 부모님이 공부하라고 아이에게 이야기하는 것이 잘못된 것은 아니다. 현실적으로 우리 사회는 학창 시절에 얼마나 열심히 공부했는지, 아니 더 정확히 말하자면 수능에서 어떤 성과를 올렸는지가 이후 인생에 지대한 영향을 미치기 때문이다. 그러나 모든 일은 요령이 중요하다. 무작정 강압적으로 아이에게 공부하라고 한다면, 사실 좋은 결과를 기대하기란 어려울 것이다.

이 과정에서 꼭 필요한 것이 바로 소통이다. 소통이란 무엇인가? 사전을 찾아보면 '언어 또는 몸짓이나 화상 등의 물질적 기호를 매개 수단으로 하는 정신적·심리적인 전달 교류'라고 정의되어 있다. 여기서 중요한 내용이 나오는데, 바로 정신적·심리적인 전달 교류라고 표현한 부분이다. 아이와 어떠한 방식으로 교류하는 것이 효과적인지에 대해서는 이미 어른이 되어버린 우리 부모님보다는 이제 막 아이라는 호칭에서 벗어나 갓 성인이 된 내가 더 잘 설명할 수 있을 것이다.

내가 생각하는 부모가 아이와 교류하는 가장 효과적인 방식은 아이를 친구처럼 대하는 것이다. 물론 결코 쉬운 일은 아니다. 아직도 많은 부모님이 아이와 수직적인 관계를 맺고 있다. 특히 아이가 잘못했을 때 그 관계가 잘 드러난다. 아이가 잘못하고 이를 변명하면, 부모님은 다시는 이런 일이 일어나지 않게 해야 한다는 생각으로 아이의 이야기를 잘 들어보지도 않고 야단치거나 벌을 주곤 한다. 그러면 겉으로는 사건이 일단락된 듯 보이지만, 이런 일이 반복될수록 화와 벌의 효능만 떨어진다. 왜냐하면 아이는 자신의 책임을 통감하고 다시는 이런 일을 하지 않겠다고 반성하기보다는, 자신을 혼낸 부모님에 대한 원망을 더 많이 하기 때문이다. 예전에 나 또한 그랬고 다른 아이들도 별반 다르지는 않을 것이다.

나는 부모와 아이가 수평적인 관계를 맺고, 아이가 잘못했을 때는 스스로 무엇을 잘못했는지 인식하게 하는 것이 가장 좋은 훈육이자 소통 방식이라고 생각한다. 이러한 과정에서 가장 중요한 것은 아이가 부모님을 지시 내리는 상사라고 생각하기보다는 자기 인생에 도움이 되는 친구처럼 여기게 하는 것이다. 특히 사춘기일수록 중요하다. 사춘기 아이가 부모님과 멀어지고 친구와 가까워지는 것은 부모님이 자기를 간섭한다고 느끼기 때문이다. 사춘기가 끝나는 시기가 오면 모두가 후회한다. 아이는 부모님에게 상처를 줬던 일을 후회하고, 부모님은 아이에게 무작정 화냈던 일을 후회한다. 그러니 현명하게 대처하여 갈등의 골이 깊어져 돌이킬 수 없는 지경에는 이르지 말아야 할 것이다.

끝맺으며

여기까지가 거실 교육에 대해 아이의 입장에서 내가 하고 싶은 이야기다. 이 책에 쓰인 내용과 함께 자란 한 명의 아이로서, 많은 사람에게 내 이야기가 조금이나마 도움이 되어 더 따뜻한 가정에서 행복하게 자랄 수 있는 아이들이 늘어났으면 좋겠다.

Page
2

부모와 아이가 함께 쓰는 계약서

1. 평상시 부모와 아이 사이에 고민되는 일을 기록한다.
2. 일주일에 1번, 한 달에 1번 정도 고민이 되는 일을 주제로 토론한다.
3. 의견이 모이면 내용을 종이에 적는다.
4. 계약서 내용에 제일 깊이 관여한 사람이 A4 용지에 적는다.
5. 약속한 내용을 지켰을 때의 보상과 지키지 않았을 때의 벌칙을 의논한다.
6. 보상과 벌칙이 조율되면 초안을 종이에 적는다.
7. 초안을 가족 구성원 모두가 읽어보고 다시 한번 의견을 제시하고 토론한다.
8. 최종적으로 수정한 후, 크고 정확한 글씨로 A4 용지에 적는다.
9. 마지막으로 읽어보고 각자 서명을 한다.
10. 가장 잘 보이는 거실 벽에 붙인다.

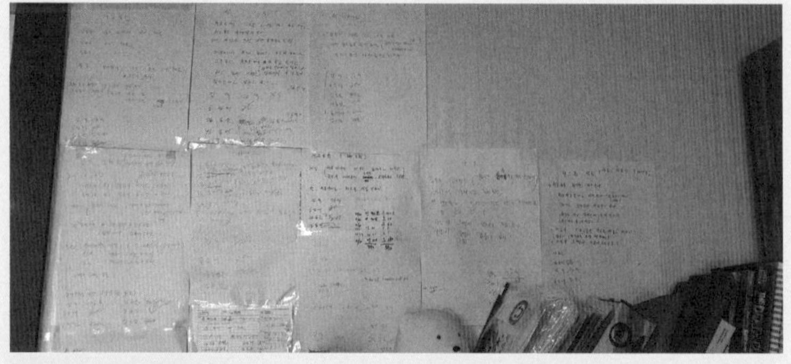

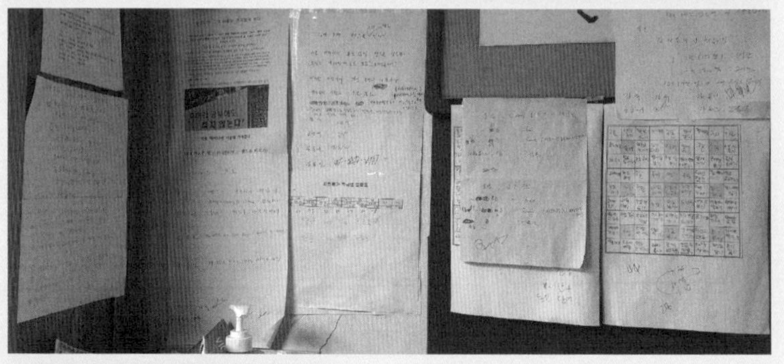

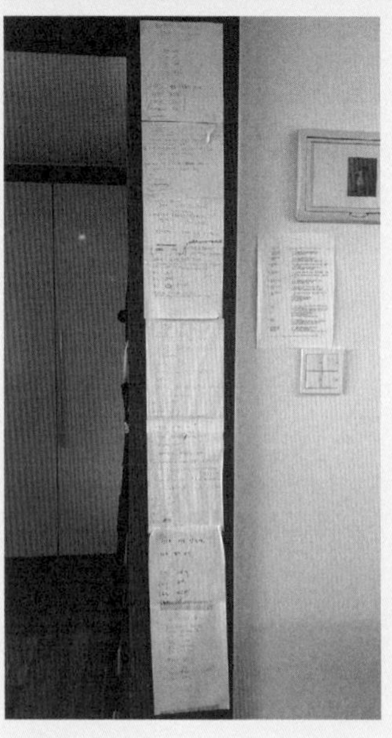

우리 집 거실 벽에 붙어 있는 여러 종류의 계약서. 변색된 것도 있지만, 우리에게는 최고급 벽지보다 훨씬 더 소중하다.

게임 시간.

금요일. 숙제 다하고 30분

토요일 1시간 30분

일요일. 2시간

추가 영어단어 : 1시간 2번 1시간 30분

(주말에 추가)

목욕. 화장실. 학교
(1주일 지키면) → 주말에 10분 추가

어기면 주의 1번

주의 3번

(핸드폰 1주일 금지)

석

성애

수

현

우리 가족이 아이들의 게임 시간과 관련하여 실제로 작성한 계약서.

하루 30분 함께 있는 시간의 힘

초판 1쇄 발행 2025년 6월 5일

지은이 공성애, 김석
펴낸이 권미경
기획편집 최유진
마케팅 심지훈, 강소연, 김재이
디자인 스튜디오 글리

펴낸곳 ㈜웨일북
출판등록 2015년 10월 12일 제2015-000316호
주소 서울시 마포구 토정로 47 서일빌딩 701호
전화 02-322-7187
팩스 02-337-8187
메일 sea@whalebook.co.kr
인스타그램 instagram.com/whalebooks

ISBN 979-11-94627-06-7 (03590)

소중한 원고를 보내주세요.
좋은 저자에게서 좋은 책이 나온다는 믿음으로, 항상 진심을 다해 구하겠습니다.